花から 野菜の図鑑

たねから収穫まで

亀田龍吉 著

文一総合出版

収穫し残したニンジンは、初夏に花茎を伸ばし、まるでレースのパラソルのような花をつける。

野菜は植物。
きれいな花を咲かせます。

　ふだん目にする野菜や果物は、花が咲く前、咲いた後に収穫されて店頭に並びます。農家の人は野菜の花を知っていますが、読者のみなさんは、野菜がどんな花を咲かせるのかご存知ですか？　花の色や形、においに注目すると、野菜も元は野生の植物であったことを再認識することができるでしょう。そして、食べ物としてだけでなく、同じ地球上の生きものであることにも、あらためて気づかされるのではないでしょうか。この本では、個性的な表情をもつさまざまな野菜の花を紹介します。

ネギ坊主の名で知られる長ネギの花。たくさんの雄しべが突き出た姿は、まさに坊主頭のようでかわいいが、花芽が形成されはじめるころから風味は落ちるので、食用には向かなくなる。

北海道美瑛町にひろがるジャガイモ畑。

ニンニクの花。

サツマイモの花。

ゴボウの花。

ピーマンの花。

もくじ

野菜がお店に並ぶまで……………………………… 9
　　キャベツの場合………………………………… 10
　　ダイコンの場合………………………………… 14
花からわかる野菜の旬と花期…………………… 16
この本の使い方…………………………………… 24
この本に出てくる用語…………………………… 25

● 実を食べる。……………………………… 27
● 根を食べる。……………………………… 59
● 葉を食べる。……………………………… 75

山菜の花…………………………………………… 94
果実の花…………………………………………… 96
香草の花………………………………………… 102
蕾を食べる野菜の花 ………………………… 108

● 茎を食べる野菜の花 ………………… 109

索引……………………………………………… 110

コラム

成長すると名前が変わる野菜…………………… 58
コンニャクは芋の根っこ………………………… 74
ゼンマイ・ワラビ・コゴミはどんな植物？…… 93

野菜がお店に並ぶまで

　現在では、八百屋やスーパーマーケットの店先に、いつでもたくさんの野菜が並んでいて、本来の旬の時期に関係なく、食べたいときに食べたい野菜を手に入れることができます。それだけでなく、さっと水洗いするだけですぐに調理ができるように、あらかじめカットされた状態でパック詰めされた野菜も売られています。

　とても便利な世のなかになった一方で、自分が口にする野菜が、どんな場所でどのように作られ、お店に届けられているのかを知らずに食べているのが現状でしょう。しかし、生きていくために毎日食べている野菜が、農家の人たちの手によって、どのように栽培されているのか、そして本来の旬の時期を知ることは、いろいろな意味でとても大切なことだと思います。次のページからは、キャベツとダイコンを取り上げて、店頭から時間をさかのぼって、野菜の成長の様子を見ていきます。農家の人々によって大切に育てられてきたことがわかってもらえるでしょうか。

トマトの花は、マルハナバチの仲間の起こす振動によって筒状に連なった雄しべの内側から花粉が落下し、受粉する。

キャベツの場合

現在

スーパーに並んだキャベツ。まるのまま並ぶこともあれば、写真のようにラップされることも。また半分に切ったものもラップされて並ぶ。

90日前

温室やビニールハウスで大事に育てられたキャベツの苗。本葉が2〜3枚になったところで畑に定植される。種をまいてから約30日後。

89日前

大規模にキャベツ栽培を行うところでは、機械を使って定植する。苗床をセットすると、走りながら等間隔に植えつけていく。

88日前

きれいに定植されたキャベツの苗。まだ本葉が数枚の状態で、これが大きな球のようなキャベツになるとは想像できないほど小さい。

75日前

1日前

収穫された後に残された株は、真んなかの部分がなくなり、チューリップの花を上から見たようだ。この部分は、畑の肥料になる。

切り取って収穫されたキャベツは、売られるときとほぼ同じ状態に外側の葉を整理され、運搬用のケースに詰めてお店まで運ばれる。

1日前

収穫はひとつずつ手作業で、包丁などを使って外側の葉数枚のみを残して切り取られる。前かがみで力のいる重労働だ。

74日前

60日前

順調に育つキャベツ。地面が見えなくなるほど葉を広げ、やがて中心の葉が密に巻いて球状になる。写真はちょうど葉が巻きはじめたころ。

成長の過程で施肥（せひ）と畝作（うねづく）りを兼ねて機械でたがやす。これは草を土とともに埋め込む除草もかねている。

卵はふつう葉裏にひとつずつ産みつけられる。長さは1mmほどで黄色い。次第に色が濃くなり、1週間ほどでふ化する。出てきた幼虫は、まず卵の殻を食べる。

幼虫はその後、葉を食べてどんどん大きくなり、2週間くらいの間に4回脱皮して、最終的には4cmほどに成長する。

キャベツを食べるのは人間だけではありません。

　家庭菜園でキャベツを栽培したことのある方なら、すくすく育っていたキャベツの葉が、ある日、穴だらけになっていてがっかりした経験をお持ちではないでしょうか。犯人は青虫（モンシロチョウの幼虫）です。家庭菜園くらいなら1匹ずつ見つけて取り除いても間に合いますが、大きな畑ではそうもいきません。

　モンシロチョウの幼虫が食害するのは、キャベツをはじめブロッコリーやアブラナなどのアブラナ科の野菜ですが、ほかにも作物が大きく育つまでには、ヨトウムシやアブラムシ、葉ダニなど多くの虫たち、また鳥や動物に食べられることもあります。それもそのはず、野菜はもともと野生の植物で、人間以外の生き物の食べ物でもあるのですから。しかし、作物として収穫するからには食べられてしまっては元も子もありません。多くの農家では、鳥や動物に対しては柵やネットを巡らせることで、虫や病気に対しては農薬などを正しく安全に使用することで防除しているのです。このページではキャベツが大好きなモンシロチョウを紹介します。

キャベツ畑の上をメスを追って求愛飛行するモンシロチョウのオスの群れ。

食痕

食べられて穴があきはじめた葉。幼虫の成長にともなって穴は大きくなり、やがて葉脈のみを残して坊主になる。

蛹

蛹になる直前の幼虫は、蛹に変身する場所をさがして動きまわり、ふつうは葉裏や近くの杭などで蛹になる。蛹は越冬期以外は1週間ほどで羽化してチョウになる。

現在 店先に並んだ青首ダイコン。葉からの水分の蒸散を防ぐため、ふつう葉は切り落としてあるが、直売所などでは葉がついたまま並ぶこともある。

シードテープを使って機械で種をまく。このとき、同時に肥料や殺虫剤も散布する。

70日前

ダイコンの場合

種子が発芽してしばらくは、乾燥しすぎないよう苗のあるところは周囲より低くする。

本葉が数枚に育ったころ、土寄せをして畝（うね）を作り、水はけを確保する。

63日前

50日前

14

形や大きさで選別され、葉を切り落として傷つけないように、ていねいに水洗いされた後、並べて水を切り運搬用の箱詰めを待つ。

1日前

1日前

人手で1本ずつていねいに引き抜かれ並べられる。このあと選別所や集荷所へ運ばれる。

2日前

葉の成長にともなって根も次第に肥大し、土の上にせり出してくる。いつでも収穫できるまでに育った。

50日前

1か所に2〜3粒ずつ種をまいた場合、本葉が数枚までのうちに間引いて1か所に1本にする。

花からわかる野菜の旬と花期

花	野菜の名称	食べる部位 ▶	実	根	葉	山菜	果実	香草	蕾・茎	掲載ページ
	花期 ✿　旬の時期 ▨									

トマト　実　p.28
1月	2月	3月	4月	5月	6月	7月	8月	9月	10月	11月	12月
					✿	✿	✿	✿			

ナス　実　p.34
1月	2月	3月	4月	5月	6月	7月	8月	9月	10月	11月	12月
				✿	✿	✿	✿	✿			

シシトウガラシ　実　p.38
1月	2月	3月	4月	5月	6月	7月	8月	9月	10月	11月	12月
				✿	✿	✿	✿	✿			

トウガラシ　実　p.38
1月	2月	3月	4月	5月	6月	7月	8月	9月	10月	11月	12月
				✿	✿	✿	✿	✿			

パプリカ　実　p.39
1月	2月	3月	4月	5月	6月	7月	8月	9月	10月	11月	12月
				✿	✿	✿	✿	✿			

ピーマン　実　p.39
1月	2月	3月	4月	5月	6月	7月	8月	9月	10月	11月	12月
				✿	✿	✿	✿	✿			

カボチャ　実　p.44
1月	2月	3月	4月	5月	6月	7月	8月	9月	10月	11月	12月
				✿	✿	✿	✿				

ズッキーニ　実　p.47
1月	2月	3月	4月	5月	6月	7月	8月	9月	10月	11月	12月
				✿	✿	✿	✿				

ニガウリ　実　p.48
1月	2月	3月	4月	5月	6月	7月	8月	9月	10月	11月	12月
					✿	✿	✿				

ラッカセイ　実　p.50
1月	2月	3月	4月	5月	6月	7月	8月	9月	10月	11月	12月
						✿	✿				

花	野菜の名称 食べる部位▶	実	根	葉	山菜	果実	香草	蕾・茎	掲載ページ
	花期 ✿　旬の時期 ▭								

実を食べる

	インゲンマメ	実	根	葉	山菜	果実	香草	蕾・茎	p.52
		1月	2月	3月	4月	5月 ✿	6月 ✿	7月 ✿	8月 ✿	9月	10月	11月	12月

	サヤエンドウ	実	根	葉	山菜	果実	香草	蕾・茎	p.52
		1月	2月	3月 ✿	4月 ✿	5月 ✿	6月	7月	8月	9月	10月	11月	12月

	ソラマメ	実	根	葉	山菜	果実	香草	蕾・茎	p.53
		1月	2月	3月 ✿	4月 ✿	5月 ✿	6月	7月	8月	9月	10月	11月	12月

青花　白花	エダマメ	実	根	葉	山菜	果実	香草	蕾・茎	p.53
		1月	2月	3月	4月	5月 ✿	6月 ✿	7月 ✿	8月 ✿	9月	10月	11月	12月

根を食べる

雌花　雄花	トウモロコシ	実	根	葉	山菜	果実	香草	蕾・茎	p.54
		1月	2月	3月	4月	5月	6月 ✿	7月 ✿	8月 ✿	9月	10月	11月	12月

葉を食べる

	イチゴ	実	根	葉	山菜	果実	香草	蕾・茎	p.54
		1月	2月 ✿	3月 ✿	4月 ✿	5月	6月	7月	8月	9月	10月	11月	12月

雌花　雄花	メロン	実	根	葉	山菜	果実	香草	蕾・茎	p.55
		1月	2月	3月	4月	5月 ✿	6月 ✿	7月 ✿	8月 ✿	9月	10月	11月	12月

山菜・果実・香草

	オクラ	実	根	葉	山菜	果実	香草	蕾・茎	p.56
		1月	2月	3月	4月	5月	6月 ✿	7月 ✿	8月 ✿	9月	10月	11月	12月

	キュウリ	実	根	葉	山菜	果実	香草	蕾・茎	p.56
		1月	2月	3月	4月	5月	6月 ✿	7月 ✿	8月 ✿	9月	10月	11月	12月

蕾・茎を食べる

	ユウガオ	実	根	葉	山菜	果実	香草	蕾・茎	p.57
		1月	2月	3月	4月	5月	6月	7月 ✿	8月 ✿	9月	10月	11月	12月

雌花　雄花	トウガン	実	根	葉	山菜	果実	香草	蕾・茎	p.57
		1月	2月	3月	4月	5月	6月 ✿	7月 ✿	8月 ✿	9月 ✿	10月	11月	12月

花

野菜の名称	食べる部位 ▶ 実 / 根 / 葉 / 山菜 / 果実 / 香草 / 蕾・茎	掲載ページ
花期 🌸 旬の時期 🟩		

ダイコン 実 / 根 / 葉 / 山菜 / 果実 / 香草 / 蕾・茎 p.60
1月	2月	3月	4月	5月	6月	7月	8月	9月	10月	11月	12月
			🌸	🌸							

ジャガイモ 実 / 根 / 葉 / 山菜 / 果実 / 香草 / 蕾・茎 p.64
1月	2月	3月	4月	5月	6月	7月	8月	9月	10月	11月	12月
				🌸	🌸				🌸	🌸	

ニンジン 実 / 根 / 葉 / 山菜 / 果実 / 香草 / 蕾・茎 p.68
1月	2月	3月	4月	5月	6月	7月	8月	9月	10月	11月	12月
				🌸	🌸						

サトイモ 実 / 根 / 葉 / 山菜 / 果実 / 香草 / 蕾・茎 p.70
1月	2月	3月	4月	5月	6月	7月	8月	9月	10月	11月	12月
							🌸	🌸			

ヤマノイモ 実 / 根 / 葉 / 山菜 / 果実 / 香草 / 蕾・茎 p.70
雌花　雄花
1月	2月	3月	4月	5月	6月	7月	8月	9月	10月	11月	12月
						🌸	🌸				

レンコン 実 / 根 / 葉 / 山菜 / 果実 / 香草 / 蕾・茎 p.71
1月	2月	3月	4月	5月	6月	7月	8月	9月	10月	11月	12月
						🌸	🌸				

カブ 実 / 根 / 葉 / 山菜 / 果実 / 香草 / 蕾・茎 p.71
1月	2月	3月	4月	5月	6月	7月	8月	9月	10月	11月	12月
		🌸	🌸	🌸							

サツマイモ 実 / 根 / 葉 / 山菜 / 果実 / 香草 / 蕾・茎 p.72
1月	2月	3月	4月	5月	6月	7月	8月	9月	10月	11月	12月
							🌸	🌸			

ゴボウ 実 / 根 / 葉 / 山菜 / 果実 / 香草 / 蕾・茎 p.74
1月	2月	3月	4月	5月	6月	7月	8月	9月	10月	11月	12月
						🌸	🌸	🌸			

ネギ 実 / 根 / 葉 / 山菜 / 果実 / 香草 / 蕾・茎 p.76
1月	2月	3月	4月	5月	6月	7月	8月	9月	10月	11月	12月
				🌸	🌸						

タマネギ 実 / 根 / 葉 / 山菜 / 果実 / 香草 / 蕾・茎 p.80
1月	2月	3月	4月	5月	6月	7月	8月	9月	10月	11月	12月
					🌸	🌸					

花	野菜の名称 食べる部位▶ 実 根 葉 山菜 果実 香草 蕾・茎 掲載ページ 花期 ✿ 旬の時期										
	キャベツ				実	根	葉	山菜	果実	香草 蕾・茎	p.82
	1月	2月	3月	4月 ✿	5月 ✿	6月 ✿	7月	8月	9月	10月	11月	12月
	レタス				実	根	葉	山菜	果実	香草 蕾・茎	p.84
	1月	2月	3月	4月	5月 ✿	6月 ✿	7月 ✿	8月	9月	10月	11月	12月
	ニラ				実	根	葉	山菜	果実	香草 蕾・茎	p.86
	1月	2月	3月	4月	5月	6月	7月	8月 ✿	9月 ✿	10月 ✿	11月	12月
	モロヘイヤ				実	根	葉	山菜	果実	香草 蕾・茎	p.86
	1月	2月	3月	4月	5月	6月	7月	8月 ✿	9月	10月	11月	12月
	チンゲンサイ				実	根	葉	山菜	果実	香草 蕾・茎	p.87
	1月	2月	3月 ✿	4月 ✿	5月 ✿	6月	7月	8月	9月	10月	11月	12月
	ミズナ				実	根	葉	山菜	果実	香草 蕾・茎	p.87
	1月	2月	3月 ✿	4月 ✿	5月 ✿	6月	7月	8月	9月	10月	11月	12月
	ハクサイ				実	根	葉	山菜	果実	香草 蕾・茎	p.88
	1月	2月	3月 ✿	4月 ✿	5月 ✿	6月	7月	8月	9月	10月	11月	12月
	コマツナ				実	根	葉	山菜	果実	香草 蕾・茎	p.88
	1月	2月 ✿	3月 ✿	4月 ✿	5月 ✿	6月	7月	8月	9月	10月	11月	12月
	タアサイ				実	根	葉	山菜	果実	香草 蕾・茎	p.89
	1月	2月	3月 ✿	4月 ✿	5月 ✿	6月	7月	8月	9月	10月	11月	12月
	クレソン				実	根	葉	山菜	果実	香草 蕾・茎	p.89
	1月	2月	3月	4月	5月 ✿	6月	7月	8月	9月	10月	11月	12月
	ホウレンソウ				実	根	葉	山菜	果実	香草 蕾・茎	p.90
雌花 雄花	1月	2月	3月	4月 ✿	5月 ✿	6月 ✿	7月	8月	9月	10月	11月	12月

実を食べる

根を食べる

葉を食べる

山菜・果実・香草

蕾・茎を食べる

花

| 野菜の名称 | 食べる部位 | 実 | 根 | 葉 | 山菜 | 果実 | 香草 | 蕾・茎 | 掲載ページ |

花期 ❀　旬の時期 🟩

アイスプラント　　葉　　p.90
| 1月 | 2月 | 3月 | 4月 | 5月 | 6月 | 7月 ❀ | 8月 ❀ | 9月 ❀ | 10月 | 11月 | 12月 |

シソ　　葉　　p.91
| 1月 | 2月 | 3月 | 4月 | 5月 | 6月 | 7月 | 8月 ❀ | 9月 ❀ | 10月 | 11月 | 12月 |

シュンギク　　葉　　p.91
| 1月 | 2月 | 3月 | 4月 ❀ | 5月 ❀ | 6月 | 7月 | 8月 | 9月 | 10月 | 11月 | 12月 |

アシタバ　　葉　　p.92
| 1月 | 2月 | 3月 | 4月 | 5月 | 6月 | 7月 | 8月 ❀ | 9月 ❀ | 10月 ❀ | 11月 ❀ | 12月 |

セロリー　　葉　　p.92
| 1月 | 2月 | 3月 | 4月 | 5月 | 6月 ❀ | 7月 ❀ | 8月 | 9月 | 10月 | 11月 | 12月 |

ミツバ　　葉　　p.92
| 1月 | 2月 | 3月 | 4月 | 5月 | 6月 ❀ | 7月 ❀ | 8月 ❀ | 9月 | 10月 | 11月 | 12月 |

ギョウジャニンニク　　山菜　　p.94
| 1月 | 2月 | 3月 | 4月 | 5月 ❀ | 6月 ❀ | 7月 | 8月 | 9月 | 10月 | 11月 | 12月 |

ウルイ　　山菜　　p.94
| 1月 | 2月 | 3月 | 4月 | 5月 | 6月 ❀ | 7月 ❀ | 8月 ❀ | 9月 | 10月 | 11月 | 12月 |

雌花　雄花

フキ　　山菜　　p.95
| 1月 | 2月 | 3月 ❀ | 4月 ❀ | 5月 ❀ | 6月 | 7月 | 8月 | 9月 | 10月 | 11月 | 12月 |

タラノメ　　山菜　　p.95
| 1月 | 2月 | 3月 | 4月 | 5月 | 6月 | 7月 | 8月 ❀ | 9月 ❀ | 10月 | 11月 | 12月 |

ウド　　山菜　　p.95
| 1月 | 2月 | 3月 | 4月 | 5月 | 6月 | 7月 | 8月 ❀ | 9月 ❀ | 10月 | 11月 | 12月 |

花

| 野菜の名称 | 食べる部位 ▶ | 実 | 根 | 葉 | 山菜 | 果実 | 香草 | 蕾・茎 | 掲載ページ |

花期 ❋ 旬の時期 ▭

バナナ 実 根 葉 山菜 果実 香草 蕾・茎 p.96
| 1月 | 2月 | 3月 | 4月 | 5月 | 6月 | 7月 | 8月 | 9月 | 10月 | 11月 | 12月 |
| ❋ | ❋ | ❋ | ❋ | ❋ | ❋ | ❋ | ❋ | ❋ | ❋ | ❋ | ❋ |

ブドウ 実 根 葉 山菜 果実 香草 蕾・茎 p.96
| 1月 | 2月 | 3月 | 4月 | 5月 | 6月 | 7月 | 8月 | 9月 | 10月 | 11月 | 12月 |
| | | | | ❋ | ❋ | | | | | | |

モモ 実 根 葉 山菜 果実 香草 蕾・茎 p.97
| 1月 | 2月 | 3月 | 4月 | 5月 | 6月 | 7月 | 8月 | 9月 | 10月 | 11月 | 12月 |
| | | ❋ | ❋ | | | | | | | | |

リンゴ 実 根 葉 山菜 果実 香草 蕾・茎 p.97
| 1月 | 2月 | 3月 | 4月 | 5月 | 6月 | 7月 | 8月 | 9月 | 10月 | 11月 | 12月 |
| | | | ❋ | ❋ | | | | | | | |

サクランボ 実 根 葉 山菜 果実 香草 蕾・茎 p.98
| 1月 | 2月 | 3月 | 4月 | 5月 | 6月 | 7月 | 8月 | 9月 | 10月 | 11月 | 12月 |
| | | | ❋ | ❋ | | | | | | | |

ナシ 実 根 葉 山菜 果実 香草 蕾・茎 p.98
| 1月 | 2月 | 3月 | 4月 | 5月 | 6月 | 7月 | 8月 | 9月 | 10月 | 11月 | 12月 |
| | | | ❋ | ❋ | | | | | | | |

スイカ 実 根 葉 山菜 果実 香草 蕾・茎 p.99
雌花　雄花
| 1月 | 2月 | 3月 | 4月 | 5月 | 6月 | 7月 | 8月 | 9月 | 10月 | 11月 | 12月 |
| | | | | | ❋ | ❋ | ❋ | | | | |

キウイフルーツ 実 根 葉 山菜 果実 香草 蕾・茎 p.99
| 1月 | 2月 | 3月 | 4月 | 5月 | 6月 | 7月 | 8月 | 9月 | 10月 | 11月 | 12月 |
| | | | | ❋ | ❋ | | | | | | |

ザクロ 実 根 葉 山菜 果実 香草 蕾・茎 p.100
| 1月 | 2月 | 3月 | 4月 | 5月 | 6月 | 7月 | 8月 | 9月 | 10月 | 11月 | 12月 |
| | | | | ❋ | ❋ | | | | | | |

ユズ 実 根 葉 山菜 果実 香草 蕾・茎 p.100
| 1月 | 2月 | 3月 | 4月 | 5月 | 6月 | 7月 | 8月 | 9月 | 10月 | 11月 | 12月 |
| | | | | ❋ | ❋ | | | | | | |

温州ミカン 実 根 葉 山菜 果実 香草 蕾・茎 p.101
| 1月 | 2月 | 3月 | 4月 | 5月 | 6月 | 7月 | 8月 | 9月 | 10月 | 11月 | 12月 |
| | | | | ❋ | | | | | | | |

実を食べる ・ 根を食べる ・ 葉を食べる ・ 山菜・果実・香草 ・ 蕾・茎を食べる

花

| 野菜の名称 | 食べる部位 ▶ | 実 | 根 | 葉 | 山菜 | 果実 | 香草 | 蕾・茎 | 掲載ページ |

花期 🌸　旬の時期 ▨

カキ　　　　　　　　実　根　葉　山菜　(果実)　香草　蕾・茎　p.101
雌花／雄花

1月	2月	3月	4月	5月	6月	7月	8月	9月	10月	11月	12月
				🌸	🌸						

ニンニク　　　　　　実　根　葉　山菜　果実　(香草)　蕾・茎　p.102

1月	2月	3月	4月	5月	6月	7月	8月	9月	10月	11月	12月
				🌸	🌸						

ミョウガ　　　　　　実　根　葉　山菜　果実　香草　(蕾・茎)　p.102

1月	2月	3月	4月	5月	6月	7月	8月	9月	10月	11月	12月
						🌸	🌸				

サンショウ　　　　　実　根　葉　山菜　果実　(香草)　蕾・茎　p.102

1月	2月	3月	4月	5月	6月	7月	8月	9月	10月	11月	12月
			🌸	🌸							
			木の芽			未熟果		熟果			

ルッコラ　　　　　　実　根　葉　山菜　果実　(香草)　蕾・茎　p.103

1月	2月	3月	4月	5月	6月	7月	8月	9月	10月	11月	12月
			🌸	🌸							

ワサビ　　　　　　　実　根　葉　山菜　果実　(香草)　蕾・茎　p.103

1月	2月	3月	4月	5月	6月	7月	8月	9月	10月	11月	12月
		🌸	🌸								

スペアミント　　　　実　根　葉　山菜　果実　(香草)　蕾・茎　p.104

1月	2月	3月	4月	5月	6月	7月	8月	9月	10月	11月	12月
						🌸	🌸				

ペパーミント　　　　実　根　葉　山菜　果実　(香草)　蕾・茎　p.104

1月	2月	3月	4月	5月	6月	7月	8月	9月	10月	11月	12月
					🌸	🌸	🌸				

オレガノ　　　　　　実　根　葉　山菜　果実　(香草)　蕾・茎　p.104

1月	2月	3月	4月	5月	6月	7月	8月	9月	10月	11月	12月
						🌸	🌸				

バジル　　　　　　　実　根　葉　山菜　果実　(香草)　蕾・茎　p.105

1月	2月	3月	4月	5月	6月	7月	8月	9月	10月	11月	12月
					🌸	🌸	🌸				

ローズマリー　　　　実　根　葉　山菜　果実　(香草)　蕾・茎　p.105

1月	2月	3月	4月	5月	6月	7月	8月	9月	10月	11月	12月
	🌸	🌸	🌸								

花

野菜の名称	食べる部位 ▶	実	根	葉	山菜	果実	香草	蕾・茎	掲載ページ
花期 ✿	旬の時期								

セージ　　　　　　　　　実　根　葉　山菜　果実　香草　蕾・茎　p.106
1月	2月	3月	4月	5月	6月	7月	8月	9月	10月	11月	12月
				✿	✿						

タイム　　　　　　　　　実　根　葉　山菜　果実　香草　蕾・茎　p.106
1月	2月	3月	4月	5月	6月	7月	8月	9月	10月	11月	12月
				✿	✿						

コリアンダー　　　　　　実　根　葉　山菜　果実　香草　蕾・茎　p.107
1月	2月	3月	4月	5月	6月	7月	8月	9月	10月	11月	12月
				✿	✿	✿					

パセリ　　　　　　　　　実　根　葉　山菜　果実　香草　蕾・茎　p.107
1月	2月	3月	4月	5月	6月	7月	8月	9月	10月	11月	12月
				✿	✿	✿					

ブロッコリー　　　　　　実　根　葉　山菜　果実　香草　蕾・茎　p.108
1月	2月	3月	4月	5月	6月	7月	8月	9月	10月	11月	12月
			✿	✿							

カリフラワー　　　　　　実　根　葉　山菜　果実　香草　蕾・茎　p.108
1月	2月	3月	4月	5月	6月	7月	8月	9月	10月	11月	12月
			✿	✿							

ナバナ　　　　　　　　　実　根　葉　山菜　果実　香草　蕾・茎　p.108
1月	2月	3月	4月	5月	6月	7月	8月	9月	10月	11月	12月
		✿	✿								

アスパラガス　　　　　　実　根　葉　山菜　果実　香草　蕾・茎　p.109
1月	2月	3月	4月	5月	6月	7月	8月	9月	10月	11月	12月
			✿	✿	✿	✿					

オカヒジキ　　　　　　　実　根　葉　山菜　果実　香草　蕾・茎　p.109
1月	2月	3月	4月	5月	6月	7月	8月	9月	10月	11月	12月
						✿	✿	✿	✿		

● 実を食べる
● 根を食べる
● 葉を食べる
● 山菜・果実・香草
● 蕾・茎を食べる

この本の使い方

　この本では、野菜と果物を中心に、山菜や香草など85種の花と、その成長の様子を紹介しました。「花からわかる野菜の旬と花期」(p.16～23)では、花の色や形、食べる部位などからお目当ての野菜を検索することができます。

❶ 名称：一般的に使われている商品名。ほかにもよく使われる名前がある場合は、なるべく別名として記載した。外国名が一般的なものは、和名を併記したものもある。

❷ 科名と属名：それぞれの野菜や果物が植物として何の仲間に分類されるのか、科名と属名を表示した。

❸ 学名：植物など生物につけられた世界共通の呼び名が学名で、もちろん野菜にもある。属名と種小名の2つの単語が、ラテン語で表記される。

❹ 解説：それぞれの野菜の植物としての起源や、日本への伝播などを中心に特徴を解説。また、旬の時期や主な生産地なども紹介した。

❺ 野菜の写真：その野菜でもっとも多く流通している品種を掲載し、選び方のポイントも紹介した。お店に並ぶ野菜のなかから、新鮮でおいしい野菜を選ぶときに役立ててほしい。

❻ 野菜の成長・花の写真：植物としての野菜は、どのように成長し、どんな花を咲かせるのか？　また、作物としてどのように栽培されているのかなどを紹介した。

この本に出てくる用語

雄花序（おかじょ）：雄花だけでできた花序。

雄花・雌花・両性花（おばな・めばな・りょうせいか）：雄しべだけをもつ花が雄花、雌しべだけをもつ花が雌花、ひとつの花に雄しべと雌しべの両方をもつのが両性花。

塊茎（かいけい）：地下茎の一部が養分を蓄えて肥大したもの。

花芽（かが）：成長すれば花になる芽のこと。

花冠（かかん）：花弁の集まった花の器官のこと。

花茎（かけい）：ほとんど花だけをつける茎のこと。

花序（かじょ）：花のついた茎全体のこと、または茎上の花のつき方。

花穂（かすい）：穂のように細長く花が並んだ花序。

花被片（かひへん）：萼と花冠（花弁）を総称して花被というが、萼と花冠が似ているものは、両方をまとめて花被片と呼ぶことが多い。

花柄（かへい）：花の柄のこと。

果柄（かへい）：花柄は花の後、果実を支える果柄になる。

花弁（かべん）：花冠、すなわち花びらのこと。

帰化植物（きかしょくぶつ）：外来植物のうち野生化したもの。

菊咲き（きくざき）：細長い花弁がたくさん集まった菊の花のような咲き方。

球茎（きゅうけい）：短縮した茎が球形に肥大して養分の貯蔵器官になったもの。

互生（ごせい）：茎の各節ごとに1枚ずつ方向をたがえて葉がつくこと。

作付面積（さくつけめんせき）：田畑で作物を実際に植えつけている面積。

散形花序（さんけいかじょ）：茎の先端から柄のある花が複数、放射状に出ているもの。

自家受粉（じかじゅふん）：花粉が同じ花の雌しべの柱頭につくこと。

子房（しぼう）：雌しべの基部のふくらみで、なかに種子となる胚珠がある。受粉〜受精後、熟して果実となる。

子房柄（しぼうへい）：子房のついている部分のことで、ラッカセイではこの部分が根のように下向きに伸びて地中にもぐり、先端にある子房が熟して果実になる。

雌雄異花（しゆういか）：雌しべだけの花と雄しべだけの花に分かれていること。

雌雄異株（しゆういかぶ）：雌花だけがつく株と雄花だけがつく株に分かれていること。

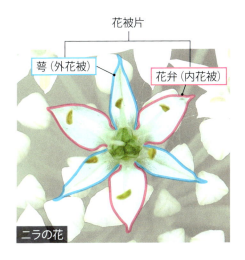

雌雄同株：雌花と雄花が同じ株に生じること。

主根：最初に発根した根がそのまま大きくなった中心の太い根のこと。

受粉：雌しべに雄しべの花粉がつくこと。

小葉：葉が2つ以上の部分に分かれて成り立っている場合、そのひとつひとつの部分。

初生葉：発芽後、子葉の次に開く葉のこと。子葉のあとふつうは本葉が出るが、インゲンやエダマメ、ゴーヤなどでは本葉の前に初生葉が出る。

人工授粉：人工的に雌しべに雄しべの花粉をつけること。

穂状花序：多数の花が細長く穂のようについたもの。

早生種：作物の収穫時期がふつうより早い品種。

対生：茎の節ごとに2枚の葉が相対してつくこと。

多肉質：葉・茎・根など植物の組織が厚くあるいは太く肥大して水分を含んだ状態。

地下茎：地下にある茎のことで、養分を蓄えたり長く伸びて繁殖したりする。

定植：苗床やポットで育った苗を畑などに植えつけること。

摘果：よい果実を育てるため、果実を摘んで数を減らすこと。

トウが立つ：花をつけた茎が出てくること。

発芽：種子が芽を出すことだが、ふつうは根から先に出てくる。一般には土から芽が顔を出すことをいうことが多い。

晩生種：作物の収穫時期がふつうのものより遅い品種。

双葉：双子葉植物が発芽したときに、最初に開く2枚の子葉のこと。

ヘタ：花の時期には萼であったものが、果実になっても残ったもの。

苞葉：苞ともいい、花の基部にあって蕾を包んでいた葉のこと。

本葉：子葉の後に出てくる葉。

八重：多数の花びらが重なり合って咲く咲き方のこと。

葉腋：茎についた葉のつけ根の内側。

葉柄：葉を茎につけている柄の部分。

鱗茎：節の間が短縮した茎に養分を蓄えて厚くなった葉（鱗片葉）が多数重なり合って球形になったもの。タマネギ、ユリなどの地下部。

裂果：果実が自然に裂ける現象。

露地栽培：温室などの設備をつかわず、露天の畑で作物を栽培すること。

ニンジンの花

ニンジンの花序のように、花茎の先端部の節間が詰まり、柄をもった多数の花がほぼ1点から放射状に伸びて笠状になった花序を散形花序という。ニンジンでは、その先端に散形についた小花柄の先に花があるので、詳しくは複散形花序という。

実を食べる

実を食べる野菜を果菜(かさい)類といいます。果菜類には、キュウリやトマトなどのように果実を食べる野菜のほかに、エダマメやソラマメなどのように種子を食べるものも含まれます。メロン、スイカ、イチゴなどは市場や店頭では果物として扱われることが多いのですが、草本性植物なので栽培上は野菜に分類されます。また、同じ種類の植物でもエダマメやサヤインゲンは野菜ですが、ダイズやインゲンマメは穀類として扱われます。果実のなかでも、動物に食べられて種子を拡散させるものは、おいしいものが多く、種子には植物が芽生えるための栄養分がたっぷり含まれています。

- 実を食べる
- 根を食べる
- 葉を食べる
- 山菜・果実・香草
- 蕾・茎を食べる

トマト

ナス科ナス属
Lycopersicon esculentum

南米アンデス山系の高地が原産地といわれるが、メキシコなど中米やガラパゴスにも野生種が分布する。野生種は小さなミニトマトといった感じで半つる性のものが多く、ほかの植物にかぶさるように繁茂する。16世紀にヨーロッパに伝わり、日本へは観賞用として江戸時代に伝来。生食のほか、ジュースやケチャップ、加熱調理に向いた品種も多く、最近ではリコピンの抗酸化作用や、うま味成分のグルタミン酸の働きなどが注目されている。旬は7〜9月。主な生産地は、熊本県、北海道、茨城県など。

ヘタが緑色のもの。
皮に張りとつやがあるもの。
果肉に重みがあるもの。

ミニトマトの生活

1 種子
トマトの種子は、果実のなかでゼリー状の組織に包まれており、大きさはミニトマトで2〜3mm、大玉で4〜5mmほど。

2 芽生え
発芽は地中で、まず根を下へ伸ばし、次に双葉が頭をもたげる。種まき後、4〜5日。

3
地上に出てもまだ種子の殻をつけているが、双葉が開くにつれて落ちる。種まき後、約7日。

4
細長い双葉は、育つにつれ葉柄が伸び、幅も多少広くなる。種まき後、約10日。

5 成長
最初の本葉は3小葉くらいで、育つにつれ小葉の数は増えていく。種まき後、約20日。

6
本葉が5〜6枚になるころ、双葉は役目を終え黄色くなってから落葉する。1日に数cmずつ伸びる。種まき後、約40日。

7 種まき後、約60日で開花。関東地方では6〜9月が花期だが熱帯地方では多年生で、年間通して開花・結実する。黄色い花弁は開くと反り返り、筒状になった雄しべの真んなかから雌しべが顔を出す。ハナバチの仲間の起こす振動で花粉が落ちて受粉する。

開花

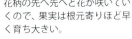

結実

成熟

9 花柄の先へ先へと花が咲いていくので、果実は根元寄りほど早く育ち大きい。

10 見事に熟したミニトマト。もともと乾燥地が原産地なので、雨が多いと裂果してしまうこともある。

8 品種にもよるが、一般的にミニトマトは長さ20〜50cmの花柄に房状に実り、根元寄りから順次赤く熟していく。時にはひと房に数十個が実ることもある。

実を食べる

根を食べる

葉を食べる

山菜・果実・香草

蕾・茎を食べる

トマトの呼び名

市場に出回っているトマトは、果実の大きさによって、重さが200g以上のものを大玉トマト、20〜30gのものをミニ（プチ）トマト、両者の中間を中玉（ミディ）トマトと総称している。最近では、ミニトマトよりさらに小さいマイクロトマトも登場した。また、フルーツトマトという名で、主に中玉トマトが出回っているが、これも品種名ではなく、甘みが強くなるように栽培されたトマトの総称である。

●中玉「こくみラウンド」
まん丸の中玉種で、ほどよい甘みと酸味、旨味があり、果肉はしっかりしており、加熱しても崩れにくいのが特徴。

●大玉「桃太郎」
濃いピンク色で、樹上完熟して出荷しても傷まない硬さをもった品種として開発され、1985年以来の人気品種である。

●マイクロトマト
2000年ごろから市場に登場。実の直径が5〜8mmの小さな品種。小さくてもしっかりとした味と香りがある。

●ミニ（プチ）トマト
20〜30gの小型種の総称。品種は多いが、ただミニトマトとして出回ることも多い。

●ファーストトマト
「桃太郎」以前の主力種（大玉）で、頭がとがっているものが多い。トマト本来の香りとやわらかさ、甘みと酸味のバランスが持ち味。

● ビーフステーキトマト

1800年代のアメリカにその起源をもつ、大きくてフラットな形の大玉トマト。ハンバーガーのトッピングには欠かせない。

● ローマ

イタリア系トマトの改良種で、やや細長い果実の中玉種。果肉は厚く硬めでゼリーは少なめ。加熱調理に向く。

● ミスターストライプ

エアルームトマトの1品種で、イエローオレンジの縞模様が入る。果実直径4～5cmの中玉種。

● クロトマト

黒味がかった色としっかりした果肉の中玉種。ふつうのトマトよりリコピンやアントシアニンが多く含まれるという。

実を食べる

根を食べる

葉を食べる

山菜・果実・香草

蕾・茎を食べる

31

● イエローピコー

ランプか電球のような形の黄色いミニトマト。糖度は6〜7度で、甘みと食感が持ち味。ひと房に12〜13個が実る。

● スイート100

その名のとおり糖度は11〜12度と甘く、肉厚でゼリーが飛び出しにくいのが特徴。ひと房に50個ほどが実る。

● シュガープラム

高糖度（10〜12度）、高リコピン（通常品種の1.5〜2倍）で果皮（かひ）が口に残らず食べやすい。丈夫で栽培しやすい品種。

● ミニキャロル

病気に強く裂果しにくい、作りやすいミニトマト。ひと房に30〜50個と、たくさん収穫できるのも魅力。

●ホワイトチェリー

甘くてみずみずしく、ジューシーな味わいの淡黄色のミニトマト。赤いチェリートマトはミニトマトの代表的品種で甘い。

●ブラックチェリー

黒味がかった赤い果実は、ちょっとスパイシーな独特の風味。実つきもよく成長が早いので育てやすい。

●フルティカ

糖度が7〜8度と甘くてフルーティーな中玉トマト。果実が裂けにくく、葉カビ病などに耐性がある。

●アイコ

ラグビーボールのような楕円形のミニトマト。緻密でゼリーが少なく甘いので、生食にも加熱調理にも使いやすい。

実を食べる

根を食べる

葉を食べる

山菜・果実・香草

蕾・茎を食べる

ナス

ナス科ナス属
Solanum melongena

原産地は不明だが、インド東部が有力とされる。ビルマ経由で中国に渡り、奈良時代にはすでに日本での栽培記録がある。国内では、一部の例外はあるが基本的に南ほど果実が長大な品種が多く、北へいくほど小さい傾向がある。温暖な地域を中心に、世界には1,000近くの品種があるといわれ、近年、日本でも洋ナスや新品種が多く出回っている。旬は7〜9月。高知県、熊本県、群馬県が生産量ベスト3。世界では中国、インド、イランの順（2013年）。

ヘタと果柄はみずみずしく、切り口が新しいもの。

果実には張りがあり、色つやの美しいもの。

ナスの生活

1 種子
種子はくびれのある薄い円形で、直径は3〜4mm、ふつう黄褐色をしている。

2 芽生え
双葉は細長く、同じナス科のトマトやトウガラシに似る。茎は品種により多少の差はあるが、紫色がかることが多い。種まき後、約10日。

3
双葉が育って長さも幅も増してくると、最初の本葉が丸みのある葉を垂直方向に広げる。種まき後、約20日。

4 成長
葉は互生し、表裏とも細かい毛が密生してざらざらしている。本葉5〜6枚で、ポット苗として出回る。種まき後、約50日。

6 花色は赤紫系で品種により濃淡がある。花冠はほかのナス科と同じく5裂するのが基本だが、現在は多くの交配種があり、6〜9裂するものが多い。花期は6〜9月。

開花

5 本葉6〜7枚になったら支柱を立ててヒモなどで保持する。ふつうは一番花のすぐ下のわき芽2本のみ残し3本仕立てとする。種まき後、約70日。

結実

7 若い果実はヘタが目立つ。果実を支えられるよう果柄も太くなる。種まき後、約80日。

成熟

9 採りごろの果実。家庭で作るときは早めに採ったほうがやわらかく、多く収穫できる。種まき後、約100日。

8 果実の紫色は紫外線により色づくので、ヘタの跡の白さは成長している証拠。種まき後、約90日。

実を食べる　根を食べる　葉を食べる　山菜・果実・香草　蕾・茎を食べる

35

● 水ナス
果肉に水分を多く含む生食も可能な品種。肉質もやわらかいので浅漬けに向く。

● 青ナス
ヘタも果皮も緑色をしていて、太めで大きいものが多い。皮は硬めだが水分は多いので加熱調理に向く。

● ていざなす
米ナスを品種改良したもので、長野県天竜村に120年以上前から伝わる伝統野菜。長さ30cm、重さ1kgにもなる。やわらかく甘い。

● 賀茂ナス
京都市北区加茂地域で古くから栽培されている大丸ナス。黒紫色の皮はやわらかいが、果肉はよくしまり煮崩れしない。

● 埼玉青大丸ナス
アントシアニンを含まないので緑色。きんちゃく型で、果重は300〜450gと大きい。果肉がしまり、煮物や焼きなすに向く。

● 長ナス
関西に多くの品種があるが東北にもある。長さ20〜30cm、重さ120g以上でやわらかい。煮物や焼きなすに向く。

● 大丸ナス
その名のとおり、大きく丸くて肉質は緻密。皮はやわらかくて田楽や煮物に向く。ヘタにはトゲがある。

●ヘビナス系「マー坊」

中国野菜のヘビナスのF1品種（異なる系統や品種の親を交配して得られる優良品種のこと）で、赤紫色の細長い姿が特徴的。油との相性がよく、油炒めはとろけるようで美味。

●ひもナス「味しらかわ」

長さ20〜30cmの白長ナスで、元から先まであまり太さがかわらない。アクが強めなので、切ったらすぐ塩水につけると色よくおいしく仕上がる。

米ナスの花

●米ナス

形は大丸ナスに近いがヘタは緑色。大きくて果肉がしまっているので煮崩れせず、加熱調理に向く。

●洋ナス「カプリス」

イタリアの品種で、紫に白のストライプが入り、ヘタは緑色。厚切りにしてオリーブオイル焼きや、トマト煮に最適。

●洋ナス「ゼブラ」

同じ縞模様のカプリスよりやや小型。これらを総称してゼブラナスと呼ぶこともある。どちらもイタリアの代表的品種。

●白ナス「スノーウィー」

形はふつうのナスと変わらないが、白い果皮に緑色のヘタが美しい。皮はやや硬めだが、肉質は緻密でクリーミー。

実を食べる

根を食べる

葉を食べる

山菜・果実・香草

蕾・茎を食べる

37

とうがらし

トウガラシ

ナス科トウガラシ属
Capsicum annuum L.
日本ではトウガラシ（Capsicum）属のうち、タカノツメなどの辛い品種を香辛料として用いることが多いが、シシトウガラシや万願寺トウガラシなど、辛みの弱い一部の品種は野菜としても使われる。メキシコや中南米、東南アジアなどでは、辛いトウガラシも野菜としてふつうに使われている。最近は国内でも、タバスコやハバネロ、ハラペーニョなど、海外の品種もさまざまな用途に利用されるようになってきた。旬は6〜9月。

日本のトウガラシは、ピーマンやパプリカと同じ種なので、大きさに差はあっても、白い花は同じ。花期は5〜9月。

シシトウガラシ

ナス科トウガラシ属
Capsicum annuum L.
果実の先端が2つに分かれて獅子の顔のように見えるところからシシトウガラシ、略してシシトウとも呼ばれる。肉薄のトウガラシで、未熟の緑色のうちに収穫するが、採らずにおけば熟して赤くなる。ふつうはまったく辛くないが、まれにほかのトウガラシと交雑したり先祖がえり（先祖がもっていた遺伝上の形質が現れること）してか、辛い果実ができることもある。煮たり焼いたり、天ぷらにして食べることが多い。旬は6〜9月。主な生産地は高知県、千葉県、和歌山県など。

植物の分類的にはタカノツメやピーマンと同種なので花もほとんど同じ。ふつう下向きに咲く。花期もほかのトウガラシと同じで、露地栽培では5〜9月。

原産地はアンデス山系など中南米といわれます。15世紀末にコロンブスによりヨーロッパにもたらされ、日本には16世紀末ごろに渡来。シシトウガラシ、パプリカ、ピーマンなどもみなトウガラシの仲間です。

パプリカ

ナス科トウガラシ属
Capsicum annuum L.
トウガラシのうち、辛くなく肉厚で赤やオレンジ色、黄色などに熟すものをパプリカと呼んでいる。ベル型の大型種が一般的だが、細長いものやトマトのような形の品種もある。パプリカの語源となったハンガリーの品種は、主に乾燥させてから粉末にし、スパイスとして使用する。ハンガリーの煮込み料理などには欠かせない存在。日本では約8割が韓国やオランダ、ニュージーランドなどからの輸入品。旬は6〜9月。国内では宮城県、茨城県、熊本県などで多く生産される。

ナス科の花は花冠が5裂するのが基本というが、トウガラシやピーマンは5〜7裂のことが多い。花期は5〜9月。

ピーマン

ナス科トウガラシ属
Capsicum annuum L.
日本では、ベル型でパプリカよりもやや肉薄で青い（緑）うちに収穫したものをピーマンと呼んでいる。語源はフランス語のピメント（トウガラシの意）。最近は熟してから収穫する品種、カラーピーマンも出回るようになったため、パプリカと同義に使われることもあるようだ。英語ではBell pepper、Sweet pepperなどと呼ばれる。旬は7〜9月。主な生産地は茨城県、宮崎県、高知県など。

ほかのトウガラシの仲間（*Capsicum annuum*）と同じ白い花で、花冠は5〜7裂が多い。果実はふつう下向きにつくが、上向きの品種もある。花期は5〜9月。

世界のトウガラシ

　標準和名での狭義のトウガラシは、*Capusicum annuum*（トウガラシ属アンヌウム種）を指し、辛さに関係なく本鷹（ほんたか）、八房（やつぶさ）、シシトウガラシ、ピーマン、パプリカなどが含まれる。しかし、世界のトウガラシ属には数十種あり、さらにその種ごとに多くの品種がある。
　主な種をあげると、*C. chinense* はハバネロやカロライナリーパーなど激辛種の多くを含む。*C. frutescens*（キダチトウガラシ）は、沖縄の島トウガラシ（伊豆七島の島トウガラシは *C. annuum*）、タバスコ、マーカスなど。*C. pubescens* は、ボリビアのロコトやメキシコのマンザーナなど。*C. baccatum* は、アヒアマリージョなどボリビア、ペルーに多い。これらはトウガラシ属のほんの一部にすぎない。

●カロライナリーパー

2013年から現在まで、辛さ世界一に君臨するトウガラシ。表面は細かい凹凸やしわが多く、潰れてめり込んだような形。

●ブートジョロキア

2007年にハバネロを抜いて、4年間連続で"辛さ世界一"の座にあったが、現在は3位。インド〜バングラデシュ産。5〜7cm。

ブートジョロキアの花

●ハバネロ

"辛さ世界一"の座は他品種に譲ったものの、ほどよい肉厚と食感、独特のフルーティーな香りはトウガラシの王者にふさわしい。3〜4.5cm。

辛さ世界一は？

1位	カロライナ・リーパー	（3,000,000 SHU）
2位	トリニダード・モルガ・スコーピオン	（2,000,000 SHU）
3位	ブート・ジョロキア	（1,000,000 SHU）
4位	ハバネロ	（250,000〜450,000 SHU）

※SHU（スコヴィル値）とは、唐辛子の辛さを量る単位のこと。トウガラシ属の植物の果実にはカプサイシンが含まれ、このカプサイシンが辛味受容体の神経末端を刺激する。スコヴィル辛味単位（Scoville heat units, SHU）はこのカプサイシンの割合を示す。

●プコチュ
長さ7〜10cmほどで、やや肉厚の韓国産トウガラシ。ほどよい辛さと香りで、青いうちから使うことが多い。7〜10cm。

●イエロースカッシュ
ズッキーニなどにも同じ名で呼ばれるものがあるが、これはちょっといびつな形をしたトウガラシ。2〜3.5cmほどで、白〜オレンジ色。

●ペンジュラム
長い花柄とやや幅広のふっくらした形が特徴。熟すと鮮やかな赤色が際立つ南米産のトウガラシ。5〜7cm。

●スコッチボンネット
ハバネロと近縁のジャマイカ産トウガラシ。辛さもハバネロに近い。緑色からオレンジ色に熟す。3〜4cm。

●ポブラノ
メキシコ産のマイルドで香りのよいトウガラシ。形は日本のピーマンに似る。乾燥したものはアンチョと呼ばれる。8〜15cm。

●マーカス
硫黄島トウガラシとも呼ばれる硫黄島の野生種。沖縄の島トウガラシに近いが、より細く小さい。1.5〜2cm。

実を食べる

根を食べる

葉を食べる

山菜・果実・香草

蕾・茎を食べる

41

世界のトウガラシ

●カウホーン
その名のとおり、牛の角のような形の大型種。果実の長さは15〜30cmにもなるが、辛さは比較的マイルド。

●チリマックス
メキシコでハバネロと辛さを競う激辛小粒種。トウガラシの原種に近い1品種と思われる。1〜1.5cm。

●クリムゾンホット
鮮やかな赤と、ピーマンをとがらせたような形が特徴の中型種。辛さはマイルドで、サラダやサルサ、詰め物をして加熱調理も。6〜10cm。

●ハラペーニョ
メキシコ料理でおなじみの肉厚の中型トウガラシ。辛さはほどほどで、みずみずしさと香りが持ち味。5〜8cm。

●チリデアグア
AGUA（水）の名が示すように、肉厚でみずみずしいメキシコはオアハカ周辺のトウガラシ。最近ではアメリカでも人気。辛い。6〜12cm。

●アフリカ産キネンセ

ハバネロなど辛いトウガラシが多いキネンセという種のアフリカ産トウガラシで、やはり半端なく辛い。しわしわな形が特徴。3〜5cm。

●チェリーラージホット

肉厚なトマト型のトウガラシで辛い。同じ形で辛くないパプリカもあり、日本ではトマピーの名で流通している。2〜3cm。

●マンザナ

メキシコのトウガラシだが、起源はボリビアのロコトというトウガラシと同じ仲間。肉厚で丸く大きく激辛。花は紫色で種子は黒い。5〜10cm。

●トゥフタ

メキシコ産の1.5〜3cmほどの小さなトウガラシで、白色、紫色、オレンジ色、赤色とカラフル。辛く、サルサなどに使われる。

●タバスコ

「TABASCO」の商品名で知られるチリソースの原料。辛さ、香りともにすぐれた品種で、赤く熟す過程で白やオレンジ色にもなり、観賞用としてもきれい。2〜4cm。

●ピメンタボーデ

サクランボを少し平たくしたようなブラジル産のかわいらしいトウガラシ。日本でもブラジル人の多い町では手に入る。1〜1.5cm。

●ホットレッドマッシュルーム

名前のとおり、辛くて赤いマッシュルームのような形をしたトウガラシ。白〜オレンジ色〜赤と熟していく。2〜4cm。

実を食べる / 根を食べる / 葉を食べる / 山菜・果実・香草 / 蕾・茎を食べる

カボチャ

ウリ科カボチャ属
Cucurbita L.

西洋種（*C. maxima*）、日本種（*C. moschata*）、ペポ種（*C. pepo*）があり、それぞれ西洋種は南米アンデス、日本種はメキシコ〜中米、ペポ種は北米南部の原産といわれる。現在、日本で食べられている黒皮栗カボチャなど多くの品種は西洋種で、日本種には黒皮カボチャや鹿ケ谷カボチャなどの日本カボチャのほか、バターナッツなども同じ仲間とされる。また、ペポ種にはズッキーニやそうめんカボチャ、ハロウィンのカボチャなどが含まれる。今では輸入ものを含め通年出回るが、旬は6〜9月。国内の主な生産地は北海道、鹿児島県、茨城県など。

カボチャの生活

種子 **1**

品種により大きさや色に多少の違いはあるが、固くて長さ1〜2cm。炒ったり揚げたりすれば食用にもなる。

ヘタの周辺が凹んでいるものほど熟していておいしいものが多い。

つやがあって、重くかたいもの。

雌花

雄花

成長

② 楕円形で対生した双葉の上に、丸い本葉が4〜5枚伸びはじめた。種まき後、約30日。

開花

③ たくさん茂った大きな丸い葉の間から黄色い花をのぞかせる。雄花のほうが花柄が細く長いので顔をのぞかせやすく、数も多いのでよく目立つ。花期は5〜8月。

結実

④ 雌花がしぼむと、その下にある子房が次第にふくらんで目立つようになる。種まき後、約60日。

⑤ 果実の直径は6〜7cmほどになったが、色は薄く、まだ枯れた花がついている。種まき後、約70日。

⑥ 果実は大きくなるにしたがい色濃くなり、品種によっては縞模様が出てくる。種まき後、約80日。

成熟

⑦ 1本のつるに果実がたくさん着き過ぎたら、摘果することもある。種まき後、60〜80日ごろ。

⑧ 果実が大きく重くなるので、それを支えたり、養分を送るためにカボチャの花柄は太く丈夫。種まき後、約100日。

45

●九重栗
くじゅうくり

西洋カボチャの黒皮栗種の1品種。果皮は黒緑色にまばらな灰色の縦縞が入る。表面の凸凹はごく浅く、果肉は濃黄色で甘みが強い。

●鹿ケ谷
ししがたに

京野菜のひとつとして知られるヒョウタンを凸凹させたような独特の形の日本カボチャ。果皮ははじめ濃緑色で、熟すとオレンジ色になる。

●宿儺
すくな

ヘチマのような形をした岐阜県高山市の特産品で、その名は飛騨の国の伝説上の鬼神「両面宿儺（りょうめんすくな）」からきているという。

●コリンキー

オーストラリアの品種と、打木赤皮栗の系統の交配種とされ、未熟なうちに収穫することで生食できるカボチャとして人気。

●打木赤皮甘栗
うつぎあかがわあまぐり

金沢の伝統野菜である加賀野菜のひとつだが、もとは福島県産の西洋カボチャとされる。鮮やかな朱色の果皮と、玉ネギのような形が特徴。

●ロロン

ラグビーボールのような形をした、きめ細かな肉質をもつ品種。なめらかな食感と品のよい甘さが持ち味。

●バターナッツ

海外から入った品種だが、植物としては西洋カボチャではなく、日本カボチャと同じ仲間。種子は果実の下のふくらんだ部分だけにある。

●そうめんカボチャ

別名キンシウリの名で知られ、ズッキーニと同じペポ種である。果肉がそうめんのように細長くほぐれるのでこの名がある。

●島かぼちゃ

沖縄で昔から栽培されている日本かぼちゃの仲間で、「ナンクワー」と呼ばれる。粘質でやわらかく、煮物に向く。

実を食べる

根を食べる

葉を食べる

ズッキーニ

ウリ科カボチャ属
Cucurbita pepo L. 'Melopepo'

つるなしのカボチャ（ペポカボチャ）で、北米南部原産のカボチャが祖先といわれる。つるがないかわりに、大きな葉と長い葉柄(ようへい)が特徴で、大きな株は直径1mを優に超える。キュウリのような形の果実のほかに円盤形や球形のものもあり、ふつうは緑色の未(み)熟(じゅく)果を食べるが、黄色や灰色、縞模様など多くの品種がある。また、果実だけでなく黄色い大きな花も食用となる。旬は5〜8月。主な生産地は宮崎県、長野県、群馬県など。

花も食用になる。早朝の1〜2時間しか開かないので、ハチなどの花粉媒介者が少ないところでは、人工授粉が必要。花期は5〜8月。

山菜・果実・香草

蕾・茎を食べる

ニガウリ

ウリ科ツルレイシ属
Momordica charantia L.

インドなど熱帯アジア原産といわれる。日本では古くから沖縄や九州南部で栽培されていたが、ウリミバエの害を克服した1990年ごろから全国的に広まった。最近では、豊富なビタミンCやカルシウム、鉄分、食物繊維などによる健康効果が注目されるとともに、グリーンカーテンとしても人気がある。ゴーヤ、ツルレイシなどの別名があり、英名はBitter melon。旬は7〜9月。生産量上位は沖縄県、宮崎県、鹿児島県など。

果皮は色濃く鮮やかで、いぼがしっかりしているもの。

胎座は緻密で種子は熟し過ぎない。

ニガウリの生活

種子

1 ふつうは緑色の未熟果を食べる。熟すと黄色くなり、種子のまわりは真っ赤になり甘い。

芽生え

2 発芽するとまず双葉が開き、その間から次に開く葉（初生葉）が伸びはじめる。種まき後、約7日。

3 初生葉はニガウリに特有のもので、切れ込みのない面積の大きい葉で対生する。種まき後、約10日。

4 初生葉の後に、切れ込みのある本葉が出てくる。本葉は互生する。種まき後、約20日。

成長

5 葉と対に出るつるが周囲のものに巻きつき、茎を支えながらよじ登る。種まき後、約30日。

6 成長は早い。支柱につけた目盛りのように、1日に10cm以上も伸びることがある。種まき後、約35日。

開花

7 種まき後、40日ほどで花がつき始める。雌花は雄花よりやや遅れて咲き、数も少ないが、黄色い花弁の下にすでに小さな果実の形をした子房があるのですぐわかる。写真は雌花。花期は6〜8月。

8 花の後に残った雌花の子房部分。受粉していれば、ここが次第に大きく育つ。開花後、4日。

成熟

10 収穫可能な大きさになった果実。若いうちに収穫したほうが苦味は少ない。開花後、約20日。

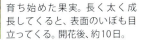

結実

9 育ち始めた果実。長く太く成長してくると、表面のいぼも目立ってくる。開花後、約10日。

11 果実は収穫せずにいると、黄色〜橙色に熟し、裂けたり破れて種子を落とす。開花後、約30日。

49

ラッカセイ

マメ科ラッカセイ属
Arachis hypogaea L.

南米アンデス山脈の東麓が原産地といわれ、16世紀に世界に広まった。日本へは1706年に渡来し、南京豆と呼ばれて本格的に栽培されるようになったのは明治時代になってから。果実が土にもぐって成長する珍しいマメ科植物で、落花生の名もこの生態に由来する。栄養豊富なうえ、種皮にはポリフェノールが多く含まれ、1日20〜30粒食べると美容や健康にいいとされる。旬は9〜11月。主な産地は千葉県、茨城県、神奈川県など。

外果皮は大きくてシミがなく、つやのいいもの。

種皮は赤色が濃く、つやのいいもの。

ラッカセイの生活

芽生え

1
発芽して地上に姿を現すと同時に子葉が開き、その間から小さな本葉が顔を出す。種まき後、約10日。

成長

2
苗の茎は根際で分枝して小さな株立ち状に成長していく。種まき後、約30日。

開花

3
種まき後、50〜60日で1.5cmほどの黄色い蝶形花を咲かせる。早朝に開花し夕方にはしぼむ1日花だが、毎日次々に開花する。花期は7〜8月。

4 結実
花が終わると、花の付け根の子房から子房柄が伸びて根のように地中にもぐっていく。種まき後、約70日。

5 成熟
子房柄の先端がふくらみ、やがてサヤができ、そのなかで種子が成長していく。種まき後、約90日。

6 収穫
早生種で9月中旬ごろ、晩生種で10月ごろに株ごと引き抜いて逆さまにする。種まき後、約130日。

7 湿気ているとカビたりするので、逆さにして干して、サヤがカラカラ音を立てるまで乾燥させる。

8 千葉県では「ぼっち」と呼ばれる。野積みにして1か月ほど乾燥させる。千葉県袖ケ浦市。

9 野積みで甘みの増したラッカセイを、脱穀して麻袋に詰め、出荷する。

51

実を食べる野菜の花

インゲンマメ

マメ科インゲンマメ属
Phaseolus vulgaris L.

インゲンマメは中南米原産で、コロンブスによりヨーロッパへもたらされた。日本へは江戸時代に中国から帰化した隠元禅師が持ちこみ、それが名の由来となったという説がある。熟した豆を利用する以外に若い莢を食べる方法がフランスではじまり、品種も開発された。サヤインゲンは明治時代に導入されたという。βカロテンやカリウム、カルシウム、亜鉛などを豊富に含む緑黄色野菜。旬は6～9月。主な生産地は千葉県、鹿児島県、北海道など。

花茎の先に次々と花をつけるので、付け根のほうほどサヤは大きく育つ。

花は1～1.5cmほどで、ふつうは白色。花期は5～8月。

サヤエンドウ

マメ科エンドウ属
Pisum sativum L.

エンドウマメは中央アジア～中近東原産で、ギリシャ時代から栽培記録があり、日本へは8世紀に穀物として中国から伝わったとされる。サヤエンドウとしては、江戸時代にヨーロッパから入った。サヤエンドウ、スナップエンドウ、グリーンピースなどは、若いか熟しているかの違いはあるものの、みなエンドウマメ。旬は5～6月。主な生産地は鹿児島県、和歌山県、愛知県など。

花色は赤紫系と白色がある。園芸植物のスイートピーとは近縁で、花もよく似る。花期は3～5月。

葉の先端に巻きひげがあり、ほかのものに巻きつくので、支柱や竹などを立てる。

実を食べる野菜を果菜といいますが、果菜にはトマトやキュウリのように果実を食べるものと、エダマメやソラマメのように種子を食べるものがあります。どちらも実になる前には花が咲きますが、意外と知らないものもあるのではないでしょうか？

ソラマメ

マメ科ソラマメ属
Vicia faba L.

中央アジア〜地中海沿岸が原産地とされ、エジプトでは今から4000年前にすでに栽培されていた。日本へは8世紀にインドの僧侶が伝えたといわれる。露地栽培ではふつう秋に種をまき、早春に開花、5月ごろに収穫する。若い莢が空を仰ぐように上を向くことからこの名があるが、実が育ってその重さで莢が下を向き始めたころが収穫時期。カリウム、葉酸、鉄などのほか、食物繊維も豊富。旬は4〜6月。主な生産地は鹿児島県、千葉県、茨城県など。

ほかの多くのマメ科の花と同じく、白系と赤紫系がある。花弁の大きな黒斑と縦のすじが特徴。花期は3〜5月。

エダマメ

マメ科ダイズ属
Glycine max (L.)

ダイズを若いうちに収穫したものがエダマメ。ダイズの原産地は東アジアといわれ、縄文時代にはすでに日本に伝わっていたというが、エダマメとして利用されるようになったのは江戸時代から。成熟したダイズに比べて炭水化物やタンパク質は少ないが、ビタミンAやCを多く含む。旬は6〜9月。主な生産地は千葉県、山形県、北海道など。

花の直径は5〜6mm。小さいうえ、葉が茂りはじめたころなので目につきにくい。

花は品種などにより、赤紫色のものと白色のものがある。花期は5〜8月。

トウモロコシ

イネ科トウモロコシ属
Zea mays L.

南米アンデス原産で、15世紀にコロンブスによってヨーロッパにもたらされた。日本には16世紀後半に伝播、明治時代から本格的に栽培されるようになった。日本では野菜として扱われることが多いが、穀物として主食にする国も多く、世界の三大穀物のひとつでもある。最近は生食できる品種も加わり、用途がさらに広がっている。旬は7〜9月。主な生産地は北海道が全体の約6割を占め、千葉県、茨城県などが続く。

雌花は葉腋につき、その先からはひげ状の雌しべが多数顔を出す。この1本1本が子房につながる。

雄花は茎の頂上につく。花弁はなく、たくさんの雄しべから花粉を飛散させる。花期は6〜8月。

イチゴ

バラ科オランダイチゴ属
Fragaria × *ananassa* Duchesne ex Rozier

イチゴとして流通しているものはオランダイチゴに属し、日本には江戸時代の終わりごろ、長崎に伝わった。果物と思われがちだが、草本類の果実なので野菜（果菜）に分類される。しかし、イチゴの可食部の赤い部分は正確には果実ではなく花床（花弁や雌しべなどをつける部分）が肥大したもので、表面の小さな粒が本当の果実。旬は5〜6月だが、ハウス栽培されるようになってから11〜6月が収穫期となっている。主な生産地は栃木県、福岡県、熊本県など。

白くて丸い5つの花弁の中心基部に、やがて大きくふくらんでくる花床がある。花色は白が基本だが、赤い品種もある。花期は2〜4月。

メロン

ウリ科キュウリ属
Cucumis melo L.

原産地は、最近の遺伝子研究ではインドとされ、古代エジプトやギリシャ時代から栽培されていたという。網目のある西洋系と網目のない東洋系がある。日本では、以前は東洋系のマクワウリが多く栽培されていたが、現在では西洋系のアールスメロンが主流で、マスクメロンもこの1品種。旬は6〜7月。主な生産地は、全国の4分の1を生産する茨城県、次いで熊本県、北海道など。

雌花には花弁の下に産毛の生えた丸い子房がある。果実に養分が集中するように雌花より先の茎は切られている。花期は5〜8月。

雄花は雌花より早く咲きはじめ、数も多い。ホルモン剤を使用して実らせる方法では、雄花はつんでしまう。

●オレンジハネデュー

メキシコ産の表面が滑らかなメロン。Honey Dewは「ハチミツの雫」の意。果肉が淡緑色のものとオレンジ色のものがある。

●マスクメロン

Musk（麝香＝じゃこう）のように香りのよいメロンの意。日本ではふつう網目のあるアールスメロンの仲間を指す。糖度も高い。

55

オクラ

アオイ科トロロアオイ属
Abelmoschus esculentus (L.)

アフリカ東部原産。日本には明治時代に伝わったが、野菜として普及したのは昭和40〜50年ごろから。果実は5〜30cmの角のような形で、断面はふつう五角形（五角オクラ）だが、断面が丸いもの（丸オクラ）もある。オクラのねばねばは、ムチンやペクチンという成分が含まれるためで、胃の粘膜を保護したり、胃腸の働きを整えるといわれる。そのほか、ビタミンAやB1、C、カルシウム、カリウムなども豊富で夏バテ防止にも。旬は6〜8月。鹿児島県、群馬県、高知県など。

花はトロロアオイの花に似ているが、やや小さい（直径7〜9cm）。クリーム色の5弁花で、中央はエンジ色。花期は6〜8月。

キュウリ

ウリ科キュウリ属
Cucumis sativus L.

インド北部のヒマラヤ山麓原産。シルクロードを通り、平安時代に日本に伝わったといわれるが、各地に普及したのは江戸時代〜明治時代にかけて。食べているのは緑色の未熟果で、完熟すると黄色くなり、それが「黄瓜」の語源ともいわれる。果実の95％以上が水分で、栄養価は低いがみずみずしい食感と切れのよい歯ごたえなど、夏を代表する野菜のひとつ。旬は6〜8月。主な生産地は宮崎県、群馬県、高知県など。

雌雄異花で、これは雌花。雌花の花びらの下にはすでに小さな果実の形の子房があり、細かいいぼ状のトゲがたくさん生えている。花期は6〜8月。

ユウガオ

ウリ科ユウガオ属
Lagenaria siceraria

原産地は北アフリカ、またはインドとされる。伝来の時期は不明。ウリ科でヒョウタンと同種。ヒョウタンから苦味成分を減らしたものがユウガオといわれる。果実の形でナガユウガオとマルユウガオに分けられ、主にマルユウガオがカンピョウに加工されることが多い。またトウガンと同様、煮物や炒め物などにも利用される。旬は7～9月。主な生産地は、マルユウガオは栃木県や滋賀県、ナガユウガオは新潟県や福井県など。

葉の間から花茎を立ち上げ、夕方に直径6～7cmの純白の花を咲かせる。雄花と雌花があり、花期は7～8月。

ナガユウガオの実

トウガン

ウリ科トウガン属
Benincasa hispida

インド原産で、日本でも平安時代にはすでに栽培されていたという。果実は丸みのある丸トウガンと長楕円形の長トウガンに大別されるが、長トウガンの大きなものは長さ80cm、重さ10kgにもなる。幼果のうちは果実全体にうぶ毛があるが、熟すと表面に白粉を帯び、全体に白っぽく見える。熟した果実は長期保存がきく。果実の95％は水分で、味に癖がないので煮物などで味を浸ませるのに適する。旬は7～9月。主な生産地は高知県、沖縄県、岡山県など。

雌花。花弁の下にうぶ毛の生えた子房が見える。花柄や茎にいたるまでうぶ毛が多い。花期は6～9月。

雄花。花は直径4～5cmで、カボチャより小さくウリより大きい。雄花の花弁の下にふくらみはなく細い花茎のみ。

長トウガン

57

コラム

成長すると名前が変わる野菜

　ブリやスズキのように、魚には成長にともなって名前が変わっていく出世魚がいます。野菜にも、インゲンマメやエンドウマメ、ダイズなど、成長過程で呼び名が違ったり、利用の方法が異なるものがあります。

　インゲンマメは、熟した豆（種子）は乾燥させて保存でき、煮豆や煮込み料理、菓子などに利用され、乾燥重量の20％以上がタンパク質という特性から各国で重要なタンパク源となっている。このインゲンマメの若い莢（果実）がサヤインゲン。こちらはまだ未熟な果実を莢ごと食べるもので、カロテン類豊富な緑黄色野菜。熟した豆はタンパク質は圧倒的に多いものの、カロテン類はほとんどない。同じ果実でもその熟成の過程でまったく異なる食材として利用でき、それぞれ別の栄養を摂取することができる。

インゲンマメ

サヤインゲン

サヤエンドウ

スナップエンドウ

グリーンピース

　エンドウマメは、もっと細かく利用されている。発芽して間もない苗は豆苗と呼ばれ、ごく若い莢はサヤエンドウ（絹さや）、もう少しふっくら育った若い莢はスナップエンドウとして、やわらかい莢ごと利用される。さらに成長すると莢のなかの丸くなった若い豆（種子）はグリーンピース、完熟して固くなった豆はエンドウマメとして利用される。

　ダイズもまだ緑色の若い莢ごと収穫したものがエダマメ。完熟して莢が茶色く枯れ、なかからこぼれ出た丸く固い豆がダイズ。また、発芽したばかりの豆と白い根や茎は、大豆モヤシとして利用される。マメ科の野菜には、成長にともなって呼び名や、食べ方が変わるものが多いのだ。

エダマメ

ダイズ

根を食べる野菜を根菜類といいます。これにはダイコンやニンジンのように肥大した根を食べるものに、ジャガイモやサトイモ、レンコンのように地下で肥大した茎を食べるものも含まれます。同じイモでもサツマイモは根が、ジャガイモとサトイモは地下で茎が太ったものです。根菜類の多くは、多年生の草本性植物が翌年の芽生えや繁殖のために、葉で作った養分を地下に貯めこんだものです。私たち人間も含めた動物は、これを掘りあげて食料にしているのです。土のなかにあっても元は植物が地上の葉で作り上げた養分、すなわち太陽の恵みなのです。

根を食べる

- 実を食べる
- 根を食べる
- 葉を食べる
- 山菜・果実・香草
- 蕾・茎を食べる

ダイコン

アブラナ科ダイコン属
Raphanus sativus L.

地中海沿岸地方原産で、日本では古事記（712年）のなかにすでに「おほね（大根）」として記述があり、中国経由で少なくとも1300年前には渡来していたとされる。多くの地方品種が知られるが、現在、生産量では青首ダイコンが逸出しており、作付面積の98％を占める。ビタミンCやジアスターゼを多く含み、大根おろしから煮物、鍋料理まで、和食には欠かせない。みずみずしくて甘みの出る11〜2月の寒い時期が旬。主な産地は千葉県、神奈川県、北海道など。

葉が新鮮でみずみずしいもの。

張りがあってずっしり重いもの。

ダイコンの生活

種子

1
種子はアブラナより大きくて色も褐色がかるが、最近は薬がコーティングされ色がついていることが多い。

花の直径は約2cm。花弁には脈状のすじがあり、紅紫色のものは花弁の縁ほど色濃い。

収穫

8
家庭菜園ならこのくらいで収穫して、やわらかい葉とともに利用するのもよい。種まき後、約50日。

10
ほぼ年間を通して栽培されるので、寒い時期はビニールトンネルを利用して栽培されることもある。

2 機械で大量にまくときは、シードテープを使う。溶けるテープに等間隔に種子がついている。

3 種まき シードテープで種をまくと同時に、肥料や農薬もまくことができる。

4 芽生え ダイコンは双葉もアブラナより大きい。2～3粒ずつまき、後で間引くこともある。種まき後、4～5日。

5 双葉の間から本葉が出た。本葉1～2枚で間引いたものは、つまみ菜として使える。種まき後、約10日。

6 ダイコンの葉らしくなってきた。本葉には細かい毛が生えている。種まき後、約14日。

7 成長 次々に葉を広げる。主根も伸びはじめるが、まだ太さは5mmほど。種まき後、約30日。

アブラナ科なので、花は4弁の十字型。花色は淡紅紫色〜白色。一年中作られているが、花茎が立ちやすいのは4〜5月。

9 収穫期の青首ダイコン。土が見えないほど葉が茂り、根は地上に盛り上がる。種まき後、約70日。

11 収穫された青首ダイコン。真っすぐなきれいな形のダイコンにするには、深くやわらかな土が不可欠。

12 開花

実を食べる

根を食べる

葉を食べる

山菜・果実・香草

蕾・茎を食べる

●亀戸ダイコン
文久年間（1861〜1864年）に盛んに栽培されていた、亀戸特産の江戸の伝統野菜のひとつ。根は長さ30cmほどで、葉柄とともに純白。

●紅しぐれ
ほんのりと赤紫色がかったダイコンで、切ると中心もうっすら赤紫色。酢につけるとより赤くあざやかになる。

●桜島ダイコン
鹿児島県特産の世界一大きいダイコン。大きいものは直径50cm、重さ30kgにもなる。緻密な肉質で甘い。

●ハツカダイコン
ラディッシュとも呼ばれるもっとも小さいダイコンで、短期間で収穫できるのでこの名がある。生食や漬物にする。

ハツカダイコンの花。多少小さいが、まさにダイコンの花そのもの。茎は赤みがかることが多い。

- 三浦ダイコン

神奈川県三浦半島の特産品種。首が細く中間下部がもっとも太くなる形が特徴的で、全体が白い。きめ細かく煮崩れしにくい。

- 紅化粧

長さ20〜25cm。皮は首から先端まで鮮やかな紅色で葉柄も赤く、肉は中心まで白色。サラダなど生食に向く。

- 聖護院ダイコン

まるくて重さ3〜4kgにもなる大根で、京野菜のひとつ。肉質はやわらかいが、煮崩れしないので煮物に向く。

- 黒ダイコン

フランス料理などの食材として西欧ではポピュラー。皮は黒いが肉は白色。サラダや、オリーブオイルで加熱調理も。

- 黒丸ダイコン

ブラックラウンドスパニッシュと呼ばれ、スペインやイタリアの伝統品種。大きいがハツカダイコンに近いという。

実を食べる

根を食べる

ジャガイモ

ナス科ナス属
Solanum tuberosum L.

南米アンデス高地の原産で、16世紀にスペイン人によってヨーロッパへもたらされ、日本へは関ヶ原の合戦（1600年）のころ、オランダ船によりJacatra（ジャガタラ：現在のジャカルタ）経由でもたらされたのが名前の由来とされる。原産地のペルーやボリビアでは多くの品種が知られ、日本でも南米系の品種が出回るようになった。ジャガイモのデンプンは調理熱からビタミンCを守るといわれ、豊富な栄養と寒さに強い性質により、各国で飢饉を救った歴史がある。旬は5〜6月と10〜11月。主な産地は北海道、鹿児島県、長崎県など。

ジャガイモの生活

1　花色は品種によって異なるが、どれも白〜紫色系。写真は"男爵"の花。

芽が出ていないもの。

表面に張りがあり、重いもの。これは"男爵"。

春植えなら5〜6月、秋植えなら10〜11月ごろに花が咲く。写真は5月に一斉に開花しはじめた"男爵"の畑。花色は白に近い淡紫色。

結実

サツマイモは根だが、ジャガイモは地下茎の先が太ってイモ（塊茎）になる。根菜だが、部位的には地下茎である。写真は"男爵"。

収穫

機械で掘り起こされたジャガイモ。まず地上部を刈り取ってから掘り起こされる。写真は"わせしろ"。

● メークイン

細長いいもで肉は淡黄色。やや粘質で煮崩れしにくく、サラダやカレーに向く。花は紫色に白い絞り模様が入る。

● きたあかり

男爵に似た形だが肉はやや黄色みが強く、ほくほくして甘い。粉吹きいもやじゃがバターに最適。花はごく淡い紫色。

実を食べる

根を食べる

葉を食べる

山菜・果実・香草

蕾・茎を食べる

●アンデスレッド

皮色は鮮やかな赤色で、肉色はやや濃いめの黄色。カロチノイドの含有量が多いのが特徴。花は淡紫色。

●レッドクイーン

皮はほんのり赤く肉はやや濃い黄色。煮崩れしにくく甘くてクリーミー。ポテトサラダに最適。花はやや濃いめの赤紫色。

●インカルージュ

赤紫がかった皮と黄色い肉の甘い品種。粘質なので煮崩れしにくい。花は紫色。

●インカのめざめ

"インカルージュ"のもととなった品種で、小さくて皮は淡色だが肉は濃い黄色で栗のような食感。調理後も色鮮やか。

●出島

白っぽくて皮の薄い品種で皮ごとの調理も可。粉質と粘質の中間で「新じゃが」として出回ることも多い。

●にしゆたか

出島を親とする品種で新じゃがとして春と秋に出回ることが多い。やや粘質で煮崩れしにくいのでカレー、シチューに最適。

●シェリー

細長くて皮は淡紅色。やや粘質で食感がよいので肉じゃが等に向く。貯蔵性は高いが調理後は時間とともに固くなりやすい。

●ピルカ

外見は淡色で長卵形。目が浅く皮がむきやすくて多収。やや粘性で煮崩れしにくいので、煮物やポテトサラダに向く。

●ノーザンルビー

細長い形で皮も肉も赤みがかったきれいな色。調理後も色が落ちずピンク色に仕上がる。アントシアニンが豊富。

●シャドウクイーン

皮は紫灰色で肉は濃紫色。色のインパクトは強いが煮崩れもせず用途は多様。アントシアニンが豊富な健康食品。

ニンジン

セリ科ニンジン属
Daucus carota L.

アフガニスタン周辺が原産地といわれ、そこから西と東に分かれて伝播。日本へは江戸時代に中国から東洋種が、ヨーロッパから西洋種が伝わり、今では栽培の容易さなどから西洋系の品種が主流。カロチンはニンジンの英名carrotが語源で、ニンジンの代表的な栄養のひとつである。このほかビタミンBやC、カルシウム、鉄分も豊富で緑葉食野菜の代表といわれる。旬は9〜12月。秋は北海道が80％、春夏は千葉県、徳島県が主な産地。

茎の切り口が小さいほうが芯が小さく美味。

色が濃くて張りがあり、裂けていないもの。

ニンジンの生活

1 種子

ニンジンの果実は毛のような突起があって虫のようにも見えるが、売られている種子に毛はない。

2 芽生え

種まき後、1週間ほどで発芽。双葉は明るい緑色で細長い。茎も白く細いので、芽生えは弱々しく見える。種まき後、8日目。

根と葉の成長の様子。地上部の成長にともなって根が長く太くなっていくのがわかる。写真は、約2週間おきの様子。

3 成長

成長 ４

葉は細かく切れ込んで繊細で美しい。セリのような風味もあり、炒めてもお浸しにしてもよく、栄養価も根以上に高い。種まき後、約60日。

収穫 ５

形よく育ったニンジンの収穫。10月の千葉県袖ケ浦市にて。種まき後、約90日。

開花 ７

散形花序につく花は白いレースのようで美しく、外側の花は花弁が大きめ。花期は5～6月。

６

花が咲くころには、根は養分を使い果たし、小さく硬くなってしまうので、花茎ができる前に収穫する。

８

収穫せずにおくと地上部は草丈80～150cmまで伸び、枝分かれしながら頂部に笠のような散形花序をつける。

根を食べる野菜の花

サトイモ

サトイモ科サトイモ属
Colocasia esculenta (L.)

インドからインドシナ半島辺りの東南アジアが原産で、日本へは縄文時代にはすでに伝わって栽培されていたという。京都の伝統野菜である「海老芋」や「たけのこ芋」をはじめ、「八つ頭」や「セレベス」もサトイモの1種である。イモの部分は地下で茎が肥大したもので、塊茎といわれる。サトイモ独特のぬめりはムチンやガラクタンという成分で、胃腸の働きを助けたり、脳を活性化させる働きがある。旬は10～12月。主な生産地は千葉県、埼玉県、栃木県など。

サトイモの花は日本ではふつう咲かないが、品種や気候などにより、まれに花をつける。サトイモ科特有の仏炎苞（ぶつえんほう：花の中心部を包むように存在する1枚の大きな花びらのような葉）の黄色い花。花期は8～9月。

ヤマノイモ

ヤマノイモ科ヤマノイモ属
Dioscorea japonica

ヤマイモまたはヤマノイモで総称されるものには、ヤマノイモ（自然薯）*D. japonica*、中国原産のナガイモ *D. batatas*、ダイジョ *D. alata* の3つがある。もっとも多く出回っているのがナガイモで、ヤマノイモほど粘りがなく水っぽい。ダイジョは沖縄に多く、菓子の材料としても利用される。旬は11～12月。ナガイモがヤマイモ全体の生産量の8割以上を占めており、主な生産地は北海道、青森県、長野県など。

雌雄異株でこれは雌花。雌花序は葉腋から垂れ下がり花の子房には3つの稜がある。花期は7～8月。

雄花序は葉腋から上向きに立ち上がり、白い小花を多数つける。花被片は開かない。

根（地下にある部分）を食べる野菜を根菜と呼びますが、植物の部位としては根（ダイコンやサツマイモなど）だったり、地下にある茎（ジャガイモやレンコンなど）だったりします。これらも収穫せず放置すると、やがて開花・結実します。

レンコン

ハス科ハス属
Nelumbo nucifera

インド、中国が原産地といわれ、日本へは奈良時代に中国から伝わったとされるが、大賀ハスの発見など古代からすでにあったともいわれる。レンコンは切ると糸をひくが、その成分はムチンという糖タンパクの1種で、タンパク質や脂肪の消化を促進して胃腸の働きを助ける。カリウムや食物繊維も豊富に含む。4～5月ごろ、ハス田に種ハス（地下茎）を植えつけ、10月から翌5月ごろまで収穫するが、旬は11～2月。主な生産地は茨城県、徳島県、佐賀県など。

花は直径30～40cmで、淡紅色～白色。早朝に開花し、午後には閉じるが、2～3日すると閉じなくなって散る。花期は7～8月。

カブ

アブラナ科アブラナ属
Brassica rapa L. var. *rapa*

古くに中国から伝わり、縄文時代から栽培されていたといわれ、古事記や日本書紀にも記述がある。春の七草の「すずな」としても古くから親しまれている。白い根の部分にはジアスターゼ、アミラーゼ、食物繊維（リグニン）などを含み、消化を助け胃腸の働きをサポートする。また根ばかりでなく葉にはカルシウム、鉄、カリウムを豊富に含む。春と秋が収穫期だが、旬は10～12月。主な生産地は千葉県、埼玉県、青森県など。

まさに菜の花そのもので、アブラナやコマツナの花とほとんど見分けがつかない。花期は3～5月。

71

サツマイモ

ヒルガオ科サツマイモ属
Ipomoea batatas (L.)

中南米原産で15世紀にヨーロッパへ伝わり、日本へは17世紀初めに中国から沖縄に伝播、鹿児島県（当時の薩摩藩）を経て各地へ広まった。やせた土地でも育ち暑さや乾燥にも強いため、各地でたびたび飢饉を救ったこともあり、ますます普及した。品種改良も進んで現在に至る。カリウム、ビタミンC、セルロースが豊富で、生活習慣病の予防にもよいという。唐芋、甘藷とも呼ばれる。旬は9〜11月。主な産地は鹿児島県、千葉県、茨城県など。

花をつけることはまれだが、花はアサガオやヒルガオとそっくりで直径は5cm前後。色は品種により多少違いはあるが淡赤紫色系。花期は8〜9月。

●ベニアズマ

関東地方で多く栽培されている品種。皮は濃赤紫色、肉は黄色で、ほくほくとねっとりの中間タイプで甘い。

●愛娘（まなむすめ）

千葉県成田市大栄地区で栽培される新品種。肉は黄色で非常にきめ細かく、加熱するとねっとりしてとても甘い。

●あやこまち

皮は鮮やかな赤、肉色は橙色でβカロテンを多く含む。粘度は高めでしっとり甘く食味がよいのが特徴。

●クイックスイート

皮は赤紫で肉は黄白色。低温（50℃前後）でデンプンが糊化するので、電子レンジの加熱でもある程度の甘さが得られる。

●パープルスイート

皮は濃赤紫色で肉は紫色。アントシアニンを豊富に含むうえ紫いもにしてはとても甘いのが特徴。

●安納芋
あんのういも

皮は白っぽく（種子島の安納紅は赤い）、肉も淡い黄白色。粘質性で焼くとねっとりとした食感で甘い。

●金時
きんとき

別名「紅赤」といわれる品種で、本来は埼玉県川越市付近の特産とされ、「川越芋」ともいわれる。

●坂出金時
さかいで きんとき

香川県坂出市周辺の特産種で、この辺りでは金時人参、金時みかんとともに坂出三金時として知られる。

●五郎島金時
ごろうじまきんとき

元禄年間（1688～1704年）に薩摩の国から加賀の国にもたらされたとされる。金沢市周辺で今も栽培される。品種としては高系14号。

●種子島 紫
たねがしま むらさき

皮は白っぽく肉は紫色の種子島伝統の品種。加熱でさらに鮮やかな紫色になり、スイーツの材料としても人気。

●鳴門金時
なると きんとき

徳島県鳴門市周辺で作られる赤い皮と淡黄白色の肉をもつ品種。主に関西に出荷される。

実を食べる

根を食べる

葉を食べる

山菜・果実・香草

蕾・茎を食べる

73

ゴボウ

キク科ゴボウ属
Arctium lappa L.

ユーラシア大陸北部原産といわれ、日本へは10世紀ごろに中国から薬草として伝わったという。食用にしているのは、ほぼ日本だけ。アザミなどに近いキク科植物で、地中の長い根を食べる。リグニンという物質を含み、便秘予防や体内のコレステロール値を下げる効果があるという。またアルギニンを含むため、疲労回復も期待できる。通年出回っているが、夏に若いうちに掘り上げたものは新ゴボウと呼ばれ、白くてやわらかい。本来の旬は10〜2月。主な生産地は青森県、埼玉県、千葉県など。

夏に人の背丈ほどの花茎を伸ばし、アザミに似た赤紫色の花を咲かせる。花期は7〜9月。

コラム

コンニャクは芋(いも)の根っこ

コンニャクが芋からできていることはご存知だろうか。コンニャク（*Amorphophallus konjac*）はインドシナ半島原産のサトイモ科の植物で、地下に大きな芋（球茎(きゅうけい)）をつくる。この球茎を3年ほど育てて直径20〜30cmにしたものを乾燥、粉砕。粉にしたものに水と石灰乳、または草木灰を混ぜて煮沸し、アクを抜くと同時にマンナンという食物繊維を固めたものがコンニャクである。生芋を蒸してすり下ろして作る生コンニャクもある。

コンニャクは5年くらいの大株にならないと花をつけない。花の形は同じサトイモ科のミズバショウやカラーの花に似るが、腐臭のような独特の臭気がある。

コンニャク芋

コンニャク

葉を食べる野菜を葉菜類といいます。キャベツやレタス、ホウレンソウなどのように葉を食べる野菜のことですが、アスパラガスやタケノコのような茎を食べる野菜も含まれます。また、ブロッコリーやカリフラワーのように蕾を食べるものも、茎ごと食べるので葉菜類に入ります。

葉を食べる

実を食べる

根を食べる

葉を食べる

山菜・果実・香草

蕾・茎を食べる

キャベツやレタスのように、より多くの葉が密集して収穫できる結球性の品種が作り出されたり、ウドやホワイトアスパラガスのように軟白部を利用したり、ネギや大葉（シソ）のように独特の香りを薬味として利用したり、昔から改良や工夫を重ねながら多くの種類がさまざまな用途に利用されています。

ネギ

ヒガンバナ科ネギ属
Allium fistulosum L.

中国西部原産といわれ、日本には8世紀ごろに伝わったとされる。葉は緑色で円筒形、中空の葉身部と淡緑色〜白色で同心円状に密集した葉鞘部からなる。長ネギはこの葉鞘部を土寄せすることにより白く長くしたもの。このほか、主に緑の葉を食べる九条ネギなどの青ネギや、ネギとタマネギをかけ合わせたワケギなど、多くの品種がある。昔から関東では長ネギ（白ネギ）、関西では青ネギが多かったが、現在では流通の関係で地方差はなくなってきた。旬は10〜2月。主な生産地は千葉県、埼玉県、茨城県など。

白い部分と緑の部分の境界がはっきりしているもの。

白い部分が長くてかたく、しまったもの。

ネギの生活

畝作り

1 長ネギは、白い葉鞘部を長大化するためと水はけなども兼ねて、土を寄せて畝を作る。

収穫

4 ネギの収穫。畝の土中で長く育った長ネギを折らないように真っすぐ引き抜く。収穫後も土に半分埋め返して保存することもできる。

成長

2 すくすく育つ長ネギ。長ネギは主に地中の白い部分を食べるが、大きく育つには葉緑素のある地上部がしっかり育つことが大切。

3 雪のなかのネギ。寒さに合うことで、甘みが増しておいしくなる。一年中出回っているが、旬は晩秋から春先まで。

5 ふつうは外側をひと葉むいて緑の葉を切ってから出荷するが、泥のついたまま出荷する「泥ネギ」のほうが鮮度を長く保つことができる。

開花

6 春のネギ坊主（ネギの花）。花弁の目立たない小さな白緑色の花が球状に多数集まって咲く。この花芽が育ち始めるころから味は落ちる。花期は5〜6月。

実を食べる

根を食べる

葉を食べる

山菜・果実・香草

蕾・茎を食べる

●ワケギ
ネギとタマネギの雑種とされ、緑の部分から小さい鱗茎（りんけい）の部分まで食べられる。「ぬた」などに欠かせない食材。約40cm。

●雪中軟白ネギ（庄内産）
葉鞘部に土寄せするのではなく、黒色シートで光を遮断して軟白させ、雪のなかで甘さを増した庄内特産の高級長ネギ。70〜80cm。

●赤ネギ「ひたち紅っこ」
茨城県産の赤ネギの1品種。従来の赤ネギよりやや太めで、濃い赤紫色の鮮やかさが持ち味。加熱調理で一層とろみと甘みが増す。

●九条ネギ
京都市の九条地区が産地の京野菜の葉ネギ。太さ1.5〜2cm、長さ90〜100cmになり、葉ネギとしては大きめだがやわらかい。

●下仁田ネギ
群馬県下仁田町の特産品で、太くずんぐりした形が特徴。熱を加えると甘みが増すので加熱調理に向く。約45cm。

●アサツキ
東北地方や北海道に自生する葉の細い野生のネギで、チャイブと呼ばれる西洋種の変種とされる。栽培され通年流通する。約30cm。

●リーキ
地中海沿岸原産で、白い葉鞘部が太く、葉は硬めで平たくつぶれている。加熱によるねっとりとした食感と風味が持ち味。約35cm。

●芽ネギ
葉ネギのタネを密にまき、芽吹いた直後に収穫したもの。寿司だねや薬味として利用される。ネギのもやし（スプラウト）といえる。8〜9cm。

●小ネギ
小型の葉ネギで、九条ネギなどを品種改良したり、若採りしたもの。万能ネギなどの名で各地でブランドネギが作られている。

実を食べる

根を食べる

葉を食べる

山菜・果実・香草

蕾・茎を食べる

79

タマネギ

ヒガンバナ科ネギ属
Allium cepa L.

中央アジア原産で、古代エジプトではすでに薬として食べられており、16世紀にはヨーロッパ各地に広まった。日本へは江戸時代にオランダ人が長崎に持ち込んだ。カリウム、亜鉛などを豊富に含み、辛味のもとでもあるアリシン（硫化アリル）はビタミンB1の吸収を助け、熱を加えると甘みがでて肉や魚の旨味を増す働きがある。旬は4〜6月。主な産地は北海道、佐賀県、兵庫県など。

ずっしり重くて押すと固く、表の皮はよく乾いてつやのあるものがよい。

●新たまねぎ

表面につやと張りがあり、みずみずしいもの。

タマネギの生活

1 芽生え
苗の植えつけは品種にもよるが、10月中旬〜12月上旬。酸性土をきらうので事、前に石灰とリン酸肥料をほどこす。定植後、約10日。

2 成長
地上部は冬の寒さのなか、少しずつ大きくなってくるが、まだ根元は太くならない。定植後、約60日。

3
気温が上がると成長が加速し、根元が白くふくらみはじめる。定植後、約120日。

4 収穫
鱗茎（りんけい）が十分にふくらんで、葉の部分が倒れてきたら収穫の適期。定植後、約180日。

開花(かいか)

6 ネギの花は蕊(しべ)ばかり目立つが、タマネギの花は中央に緑色の線の入った花被片(花びら)が目立つ。種子を採るために咲かせるには、秋に鱗茎を植える。花期は6〜7月。

5 苗が大きくなり過ぎてから冬の寒さに合うと花芽が形成されトウが立つことがある。花がつくと鱗茎は大きくなれない。

●ペコロス

小タマネギ、プチオニオンとも呼ばれる4〜5cmの小さなタマネギで、ふつうの品種を密植して作るものと、専用の品種とがある。

●赤たまねぎ

紫タマネギとも呼ばれ、臭みや辛味が少なくサラダ向き。アントシアニンを多く含み、抗酸化作用も期待できるので色濃く固いものを。

実を食べる / 根を食べる / 葉を食べる / 山菜・果実・香草 / 蕾・茎を食べる

キャベツ

アブラナ科アブラナ属
Brassica oleracea L.

原産地のヨーロッパでは、葉の巻かないケールのような原種が古代から利用されていたが、ローマ時代ごろに改良が進み、次第に現在のような形になった。日本へは江戸時代末期に伝わり、明治時代から栽培が本格化。品種改良や栽培技術の進歩により広く普及した。ビタミンCやKが豊富で、キャベジン（ビタミンU）は胃の働きを助けるという。ブロッコリーやカリフラワー（p.108）、観賞用の葉ボタンもキャベツの仲間。旬は5〜9月。主な産地は愛知県、群馬県、千葉県など。

大きさよりも、葉がぎっしり重なっていて、ずっしり重いものがよい。

外側の葉は緑色でみずみずしいもの。

茎の切り口がきれいで新鮮なもの。

キャベツの生活

苗

育苗ポットにまかれた種子は4〜5日で発芽し、25〜30日で定植できる大きさの苗に育つ。

苗植え

トラクターで作った畝（うね）の上に、定植機で等間隔に苗を植えていく。大規模生産地は機械化されている。愛知県渥美半島。

成長

葉の数が増して大きくなってきたが、横に広がるだけでまだ巻いていない。定植後、約14日。

⑥ 開花　キャベツの花はアブラナよりずっと淡い黄白色。基本的にはブロッコリーと同じだが数が少なくまばらで、より上へ伸びて咲く感じ。葉ボタンの花に近い。花期は4〜6月。

④ みごとに育った高原キャベツ。葉が立って中心が巻き始めている。定植後、約30日。群馬県嬬恋村。

⑤ 収穫　収穫は定植後、約90日から。1つずつ包丁で茎を切り、外側の葉をはがして逆さにしてケースに入れていく。

春キャベツ

春に出回るキャベツで新キャベツとも呼ばれる。高さがあり、葉がやわらかいので生食に向く。

冬キャベツ

冬といっても年間を通して出回る。平たくて葉が密でやや固め。加熱調理や漬物などに向く。

※冬キャベツの品種の種子を春から初夏にかけてまき、夏から秋にかけて収穫したもの。

レタス

キク科アキノノゲシ属
Lactuca sativa L.

地中海沿岸〜中近東原産のキク科植物で、日本では平安時代から記録がある。当時は茎についた長い葉を掻きとって食べる「掻きチシャ」でリーフレタスの仲間。結球レタスが伝来したのは江戸末期といわれる。レタスには、このほかロメインレタスやコスレタスと呼ばれる「立ちチシャ」や、山クラゲとして知られる「茎レタス」などがある。ビタミンEやC、βカロテン、カルシウムなどを含む。旬は6〜11月。主な生産地は長野県、茨城県、群馬県など。

レタスの生活

1 定植

定植したばかりの小苗のうちは外葉を広げながら葉数を増やしていく。種まき後、約30日。

みずみずしくてピンとしていて、下まで明るい緑色のもの。

茎の切り口が白く新鮮なもの。

4 収穫

収穫時、根際から切り出して逆さに並べ、切り口の白い汁や土などを水で洗い流す。

● コスレタス
やや細長い葉で、半結球性。シーザーサラダには欠かせない！

6 収穫後〜開花

収穫せずに放置すると、株の中心が盛り上がり、花茎が立ってくる。

2 中心から次々と葉が形成され、やがて球状にまきはじめる。定植後、約25日。

成長

3 株間の地面が見えないほどに育ち中心はしっかり球状に巻いている。こうなれば収穫間近。定植後、約40日（種まき後、約70日）。

天候や温度などにもよるが、花はふつう早朝の1～2時間しか開かない。花期は5～7月。

5 広がった葉をまとめて、運搬ケースに逆さにして詰める。

10 開花

アキノノゲシと同属で、帰化植物のトゲチシャが原種ともいわれ、花もよく似ている。これはレタスの花。

7 花茎がどんどん伸びて円錐状に育つ。

8 先端が枝分かれし、その先にはつぼみがふくらみ始めている。

9 大きく広がった花茎の先に、直径1cm弱の黄色い花が咲いた。

トゲチシャの花。姿ばかりか早朝しか開かないところもそっくり。

実を食べる ・ 根を食べる ・ 葉を食べる ・ 山菜・果実・香草 ・ 蕾・茎を食べる

85

葉を食べる野菜の花

ニラ

ヒガンバナ科ネギ属
Allium tuberosum

原産地は中国西部もしくは北部といわれ、3000年以上も前から栽培されていた。日本でも8世紀ごろから「かみら」「みら」などの名で利用されていたといわれる。現在は緑色の葉の葉ニラ、日に当てず軟白栽培した黄ニラ、花茎の部分の花ニラなどが出回っている。βカロテン、ビタミンC、カルシウム、リンなど豊富。ニンニクなどと同様にアリシンを含むので、ニラレバ炒めのようにビタミンB1を含む食品との相性がよい。年に4〜5回収穫できるが、旬は3〜9月。主な産地は高知県、栃木県、茨城県など。

8〜10月ごろ、30〜50cmの花茎の先端に6個の花被片（3個の花弁と3個の萼からなる1cmほどの白い花）を20〜40個つける。

モロヘイヤ

シナノキ科ツナソ属
Corchorus olitorius L.

アフリカ北部からインド西部の原産といわれ、古代エジプトでは「王の野菜」としてすでに利用されていた。日本で栽培されるようになったのは1980年代。βカロテン、ビタミンK、カルシウム、カリウムなどが豊富な栄養野菜として急速に普及した。茹でて刻むと出るねばねば成分のムチンは血糖値の上昇を抑え、コレステロール値を下げる働きがあるという。果実は有毒。旬は6〜8月。主な産地は群馬県、愛知県、三重県など。

別名タイワンツナソ。8月ごろ、葉腋に直径1.5cmほどの黄色い5弁花を咲かせる。この後できる細長い果実は有毒。

葉を食用とする野菜は葉菜、葉物と呼ばれ、日本ではアブラナ科、キク科、セリ科などを中心に多くの植物があります。アブラナ科やキク科では、同じ仲間でも葉が広がるもの、葉が球状に巻くものなど改良が進み、多くの品種があります。

チンゲンサイ

アブラナ科アブラナ属
Brassica rapa L. var. *chinensis*

ハクサイやタアサイと同起源の中国菜で、日本で栽培されるようになったのは1970年代から。しゃもじのような葉で底辺が幅広で厚みのある葉柄が特徴。同じような形の中国菜にパクチョイがある。葉柄が緑色がかったものをチンゲンサイ、葉柄が真っ白なものをパクチョイと呼んでいる。カリウム、カルシウムが豊富で油との相性がよく煮崩れしないので、炒めものからスープまで幅広く利用される。旬は10〜11月。主な産地は茨城県、静岡県、群馬県など。

アブラナとほぼ同じ黄色い4弁花を咲かせる。端正なしゃもじ型の葉を見なければ、ハクサイなどの花と見分けるのは難しい。花期は3〜5月。

ミズナ

アブラナ科アブラナ属
Brassica rapa L. var. *nipposinica*

植物としての起源はアブラナと同じくヨーロッパだが、野菜の品種としての原産地は日本。古くから京都で壬生菜（ミズナの1変種で葉が切れ込まない）などの品種が伝統野菜として栽培されている。京都付近に多かったのでキョウ菜、葉の形からヒイラギ菜、イト菜など多くの呼び名がある。葉柄が細く、あっさりして歯ごたえがいいので鍋料理などにも欠かせない。霜が降りるとやわらかく風味が増す。旬は12〜3月。主な産地は茨城県、埼玉県、群馬県など。

葉の繊細さと同様、ミズナの花はほかの菜の花に比べて花弁が細くやや小さめで、色もやや淡い黄色。花期は3〜5月。

ハクサイ

アブラナ科アブラナ属
Brassica rapa L. var. *glabra*

もともとは地中海沿岸から西アジア原産のアブラナ科の植物が中国に伝わり、野菜として利用されるなか7世紀ごろにカブ(p.71)とタイサイ(体菜)の仲間の自然交雑によりできたといわれる。はじめは不結球で現在のような形になったのは11世紀ごろ。日本には江戸時代に入ったが、本格的に栽培が始まったのは大正時代から。冬の和食、特に鍋料理には欠かせない素材。ビタミンCやβカロテンが豊富で風邪予防に効果あり。旬は11〜2月。主な産地は茨城県、長野県、群馬県など。

冬の間、カプセルのように巻いた葉で寒さをしのぎ、外側の葉は枯れても、春になると中心から花茎を伸ばし菜の花を咲かせる。花期は3〜5月。

コマツナ

アブラナ科アブラナ属
Brassica rapa L. var. *perviridis*

もとはヨーロッパ原産のアブラナ科が野菜として中国を経て日本に入り、その1品種として関東地方で生まれた小松菜は、江戸の小松川村で多く栽培されていたのでこの名がある。種まき後、1か月ほどで収穫できる。年間を通して栽培できるが、冬の寒さで甘みや風味が増し、12〜2月が旬になるため冬菜や雪菜の呼び名もある。カルシウム、ビタミンA(βカロテン)、ビタミンCが豊富。主な産地は東京都、埼玉県、千葉県など関東地方で全国の収穫量の70%を占める。

ふつうはトウが立つ前に、葉を収穫するために根こそぎ抜いてしまうので花を見る機会は少ない。採種用なのか一面のコマツナの花畑。花期は2〜5月。

タアサイ

アブラナ科アブラナ属
Brassica rapa L. var. *chinensis*

ハクサイやチンゲンサイなどと同じ起源をもつ中国菜で、日本へは1930年代に渡来。当初は如月菜やヒサゴ菜の名で栽培された。葉は濃緑色で表面は凸凹しており、冬にはロゼット状に広がり、大きいものは直径50cmにもなる。やわらかくて味も癖がなく火の通りもいいため、さまざまな料理に向く。ビタミンA（βカロテン）、ビタミンC、鉄分などが豊富。旬は12～3月。主な産地は静岡県、茨城県、千葉県など。

花は基本的にアブラナやコマツナとほとんど見分けがつかない。花茎はよく枝分かれして花数も多いので、花の密度が高く美しい。花期は3～5月。

クレソン

アブラナ科オランダガラシ属
Nasturtium officinale

ヨーロッパ中部原産の水辺に生えるアブラナ科の植物で、ヨーロッパでは14世紀ごろから栽培された。日本へは明治時代に渡来し、現在では各地の水辺に野生化、要注意外来生物に指定されている。ハーブ名はウォータークレス、和名はオランダガラシ。甘みとかすかな辛さをあわせもつ独特の風味は、肉料理のつけ合わせに欠かせない存在。旬は10～2月。山梨県が全国の生産量の半分以上を占め、沖縄県、大分県がそれに続く。

5月ごろ、茎の先端に直径5～6mmの白い十字の4弁花を多数つける。花も食べられるが、ふつうは蕾ができる前のものを収穫する。

ホウレンソウ

ヒユ科ホウレンソウ属
Spinacia oleracea L.

ペルシャ（現在のイラン辺り）が原産地といわれるヒユ科の植物。そこから東西に分かれて広がり、日本へは東洋種が江戸時代に西洋種が末期に伝わった。東洋種は葉に切れ込みがあり根元の赤みが濃いのが特徴で、西洋種は葉が丸みを帯びていて厚め。現在では東西の交配種が一般的で、生で食べられるサラダホウレンソウなども普及している。鉄分、βカロテン、ビタミンC、ビタミンKなど栄養豊富。年中出回っているが、本来の旬である12〜2月のものが味的にも栄養的にもすぐれている。主な生産地は群馬県、埼玉県、千葉県など。

ふつう雌雄異株だが同株のものもある。これは雄株で花弁のない4個の雄しべをもつ雄花を円錐状につける。花期は4〜6月。

雌花は葉腋に3〜5個つく。花弁はなく4個の細長い花柱が目立つ。雌株のほうが生育は遅いが大きく育つ傾向。

アイスプラント

ハマミズナ科メセンブリアンテマ属
Mesembryanthemum crystallinum

ヨーロッパ〜西アジア、アフリカ原産の多肉植物。ごく最近、野菜として出回るようになった。葉の表面に植物体内に入った塩類を隔離するための塩のう細胞（緩衝材のビニールのプチプチを小さくしたような形をしている）をもち、乾燥や塩分に強い。食べると微かな塩味があり、フランス料理をはじめ各方面で新素材として注目されている。旬は6〜7月。佐賀県で最初に生産がはじまり、静岡県、滋賀県などでもそれぞれ違った商品名で流通している。

花は同じハマミズナ科のマツバギクの花を小さくしたような感じで、色は白に近い淡紅色。花期は7〜9月。

拡大

シソ

シソ科シソ属
Perilla frutescens (L.)

原産地は中国中南部～ヒマラヤ地方といわれ日本へは縄文時代にはすでに渡来していたという。さわやかな香りと鮮やかな緑色の青ジソは大葉(おおば)と呼ばれ、香味野菜として欠かせない。また、赤ジソは梅干しの色づけで知られる。最近、エゴマ油などで注目されるエゴマもシソの仲間である。旬は6～8月。主な生産地は愛知県、茨城県、高知県など。

8～9月ごろ、青ジソは白色、赤ジソは赤紫色の小さな花を房状につける。その後できる果実も、さまざまに利用する。

シュンギク

キク科シュンギク属
Xanthophthalmum coronarium (L.)

地中海沿岸原産のキクの仲間で、日本へは中国経由で16世紀ごろに渡来したという。春先の若葉をやわらかい茎とともに利用するので、春菊(しゅんぎく)と呼ばれるようになった。独特の香りは鍋料理などには欠かせないが、西洋ではほとんど食用にはされない。βカロテンやビタミンCが豊富なうえ、胃腸の働きを助けるといわれる。旬は12～4月。主な生産地は千葉県、栃木県、群馬県など。

西欧では食用にはせず観賞用というだけあって、花も美しい。黄色1色のものと、淡色とのツートンカラーとがある。花期は4～5月。

実を食べる

根を食べる

葉を食べる

山菜・果実・香草

蕾・茎を食べる

アシタバ

セリ科シシウド属
Angelica keiskei

房総半島から紀伊半島、伊豆諸島の海岸沿いに自生する野草で、葉をつんでも明日にはまた葉が出てくることから「明日葉」の名がついた。βカロテンやカリウムなどを多く含むほか、葉や茎を切ると出る黄色い汁の成分はフラボノイドで毛細血管を丈夫にして血圧を下げる作用があるという。旬は5～9月。主な生産地は伊豆大島、八丈島、千葉県など。

草丈1～1.5mほどの茎の先端に、散状花序をつけ小さな花を咲かせる。葉はお浸しや天ぷらにするほか、乾燥させて茶にもする。花期は8～11月。

セロリー

セリ科オランダミツバ属
Apium graveolens L.

ヨーロッパ～西アジア原産でギリシャ時代から薬草として利用されていた。日本へは朝鮮出兵の折、加藤清正が持ち帰ったのが最初といわれる。一般的に普及したのは1950年代から。独特の香りはアピインという成分で、気持ちを落ち着かせるという。旬は4～12月。主な生産地は長野県、静岡県、茨城県など。

高さ1mほどの茎の先端に、セリ科特有の散形花序に白い小さな花をたくさんつける。花期は6～7月。

ミツバ

6～8月、草丈40cmほどの茎の先端に直径3mmほどの白い5弁花を10～20個つける。

セリ科ミツバ属
Cryptotaenia canadensis (L.)

日本各地をはじめ東アジアに広く分布し、古くから山菜的に利用されてきたが、江戸時代から栽培もされるようになった。独特のさわやかな香りは和食、特にお吸い物などには欠かせない。茎と葉を食べるが、日の当て方や根のあるなしで、糸ミツバ、根ミツバ、切りミツバなどとして売られている。自然ものの山菜としては3～5月が旬。主な生産地は千葉県、愛知県、茨城県など。

コラム

ゼンマイ・ワラビ・コゴミはどんな植物？

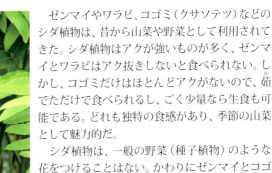

ゼンマイやワラビ、コゴミ（クサソテツ）などのシダ植物は、昔から山菜や野菜として利用されてきた。シダ植物はアクが強いものが多く、ゼンマイとワラビはアク抜きしないと食べられない。しかし、コゴミだけはほとんどアクがないので、茹でただけで食べられるし、ごく少量なら生食も可能である。どれも独特の食感があり、季節の山菜として魅力的だ。

シダ植物は、一般の野菜（種子植物）のような花をつけることはない。かわりにゼンマイとコゴミでは胞子葉といわれる胞子のうをもつ葉を出し、ワラビでは各葉の裏面に胞子のうをもつ栄養胞子葉（栄養葉と胞子葉の区別なく、成長すると胞子をつける葉のこと）をつける。ゼンマイでは胞子葉の芽を男ゼンマイ、栄養葉（胞子をつけない葉で主に光合成を行う）の芽を女ゼンマイと呼ぶことがあり、男ゼンマイはやや固いうえ繁殖にも影響するのであまり採らないようだ。

ゼンマイの胞子葉

ゼンマイ

コゴミの胞子葉

コゴミ

ワラビ

ワラビの栄養胞子葉

93

山菜の花

ギョウジャニンニク

ヒガンバナ科ネギ属
Allium victorialis L.

北海道から近畿地方に分布し、亜高山帯の湿地に自生することが多い。北海道の代表的な山菜のひとつで、全草ニンニク臭があり、修験道の行者が食べたとも、精がつきすぎるので逆に修行にふさわしくない食物ともされた。キト、プクサ、キトピロ、アイヌネギなどの別名をもつ。種をまいてから収穫するまでに4年ほどかかる。旬は4～5月。主な生産地は北海道、山形県など。

30～40cmの花茎の先に、タマネギの花に似た白色または淡紫色の花を多数つける。花期は5～6月。

ウルイ

キジカクシ科ギボウシ属
Hosta sieboldiana・*Hosta sieboldii*

北海道から九州にかけての山野に自生するオオバギボウシやコバギボウシの若い葉はウルイと呼ばれ、各地で山菜として利用される。最近はスーパーなどにも出回るようになった。クセがなくぬめりのある独特の食感は、お浸しや酢の物などにもよく合う。初夏には花茎が伸びてきれいな白色～紫色の花をつけるが、この花茎も蕾のうちなら食用となる。旬は4～5月。主な生産地は山形県、福島県、新潟県など。

山菜としては、主にオオバギボウシとコバギボウシが利用される。写真はコバギボウシの花で、やや濃い色が特徴。花期は6～8月。

野菜の起源は野草ですが、あまり品種改良されていない国内に自生する食べられる野草は、山菜と呼ぶことが多いようです。今では栽培されているものもありますが、旬の時期は限られています。独特の風味をもち、花も派手さはありませんが趣き深いです。

フキ

キク科フキ属

Petasites japonicus

日本各地の山野に自生しており、花茎の若いものはフキノトウとして、また葉柄や若い葉も山菜として親しまれているが、愛知早生などの栽培種も多く市場に出回る。東北地方や北海道に多い秋田フキは、葉の高さが2mを超えるものも。旬は2〜5月。主な生産地は愛知県、群馬県、大阪府など。

フキは雌雄異花なので、トウが立って開花してから見ると違いがわかる。雄花序（左）のほうが淡黄色がかり派手に見え、雌花序（右）は白くて地味。花期は3〜5月。

タラノメ

ウコギ科タラノキ属

Aralia elata

日本各地に自生するウコギ科の落葉低木タラノキの新芽で、春の山菜として人気がある。現在では栽培され、ほぼ一年中市場に出回っている。栽培種の多くは、メダラと呼ばれる枝にトゲのない種類。旬は4〜5月。主な生産地は山形県、山梨県、群馬県など。

雌雄同株だが両性花と雄花がある。花は直径3mmほどの白い花で5弁。8〜9月ごろに開花する。果実は黒紫色に熟す。

ウド

ウコギ科タラノキ属

Aralia cordata

日本各地の山野に自生し、ヤマウドとして芽や若葉、茎などを山菜として利用する。このほかに地下の暗闇で軟白栽培したものを白ウドと呼ぶ。旬は4〜5月。白ウドは東京都立川市とその周辺で特に多く生産され、"東京ウド"として有名。

夏に花茎を伸ばし、ウコギやヤツデに似た小さな花をたくさんつける。秋には直径3mmほどの黒い果実がなる。花期は8〜9月。

果実の花

バナナ

バショウ科バショウ属
Musa × *paradisiaca* L.

原産地は熱帯アジア。アフリカなどの一部の国では今も主食とされている。日本へは1903年に台湾種が入ったのが最初。糖分やマグネシウムが豊富で簡単に食べられる。高さ数メートルにもなるので木本と思われがちだが、幹のように見えるのは偽茎と呼ばれる部分で、葉鞘が重なり合ってできた草本である。日本で売られているバナナの約80％は、フィリピンからの輸入品。旬は通年。

花序は高いところから垂れ下がるようにつき、紫褐色で大きな花のように見えるのは苞葉。花はその間に10～20個並んで咲く。熱帯では通年咲く。

ブドウ

ブドウ科ブドウ属
Vitis spp.

ブドウの仲間は世界中に数十種あるとされ、ヨーロッパや西アジアでは紀元前3000年ごろから栽培されていた。現在、生食やワインに利用されているものは、西アジアや北アメリカに起源をもつ種から作り出されたという。日本では生食が主だが、世界的にはワイン用としての需要が多い。鎌倉時代初期から甲府盆地で栽培が始まった甲州種は有名で、今でも山梨県はブドウの生産量トップで、続いて長野県、山形県。旬は8～10月。

夏、穂状の花序に5本の雄しべと1本の雌しべをもつ小さな花を多数つける。野生種は雌雄異株だが栽培種は両性花をもち、自家受粉する。花期は5～6月。

デラウェア　　　巨峰

果実を食べるもので、草本は野菜、木本を果物と呼びますが、流通業界ではバナナやイチゴ、メロンは草本でも果物扱いすることが多いようです。花が咲く前に収穫する葉菜や根菜の多くと異なり、花の後に果実が育つので、花を見る機会にも恵まれます。

モモ

バラ科モモ属
Amygdalus persica L.

中国の黄河上流域の原産で、日本でも多くの遺跡から種が出土しており、約2000年前にはすでに伝来していたと思われる。明治時代に甘い品種の水蜜桃が伝わり、さらに品種改良を重ねて現在の多くの品種が生まれた。果肉はみずみずしく、糖分やカリウムを豊富に含む。降水量の少ない盆地のある山梨県、福島県、長野県などが主な生産地で、旬は7〜9月。果肉ではなく仁（果肉と種子の殻を取り除いた生アーモンドのこと）を食べるアーモンドも、モモと近縁の植物。

花色の淡いものと濃いもの、一重のものと八重のものなどあるが、果実を採るのはこの写真くらいの二重まで。八重は実がつき難い。八重や菊咲きなど花を楽しむ花モモもある。花期は3〜4月。

リンゴ

バラ科リンゴ属
Malus pumila

原産地は中央アジア〜東ヨーロッパ辺り。ヨーロッパでは約4000年前にはすでに栽培されていたという。現在、日本で栽培されているのは、明治時代以降に導入されたものといわれ、以来、品種改良が重ねられ、多くの品種が生まれた。カリウムやビタミンCを多く含み、皮ごと食べると食物繊維も摂取できる。旬は10〜12月。主な生産地は青森県、長野県、山形県など。

品種によって花色などが微妙に異なるが、基本的に白色〜淡紅色。蕾（つぼみ）のときにはうっすら赤みがかるものが多いが、開くと白っぽく見える。花期は4〜5月。

サクランボ

バラ科サクラ属
Prunus avium L.

ヨーロッパでは起源前から食べられており、セイヨウミザクラの起源は黒海沿岸辺りといわれる。また、中国にも古く漢(かん)の時代から記録がある。中国からは江戸時代に、ヨーロッパからは明治初期にもたらされた。その後、品種改良が進み、現在もっとも多く生産されている品種は佐藤錦(さとうにしき)である。旬は5〜6月。生産地としては山形県が全体の約70％を占め、次いで青森県、山梨県など。

サクランボは自家受粉しないので、異なる品種を2本以上植えて交配する。花は白色で、まとまって咲く。花期は4〜5月。

ナシ

バラ科ナシ属
Pyrus pyrifolia

和ナシは、野生のヤマナシをもとにできた栽培品種。ヤマナシは古く中国から入り、弥生時代にはすでに食用にされていた。江戸時代に多くの品種が作出されて栽培が盛んになり、明治時代に"二十世紀(にじっせい)"や"長十郎(ちょうじゅうろう)"といった人気品種が登場。第二次大戦後、"幸水(こうすい)"や"新水(しんすい)"、"豊水(ほうすい)"などが加わった。これらの品種は、皮色で黄褐色の赤梨系と、淡黄緑色の青梨系に大別される。旬は品種によって異なるが、全体的には7〜11月。主な生産地は千葉県、茨城県、栃木県など。

リンゴやサクランボも白い花だが、ナシの花の花弁の色は、まさに混じりっ気なしの純白。花期は4〜5月。

スイカ

ウリ科スイカ属
Citrullus lanatus

原産地は南アフリカの乾燥した地域。日本へは16世紀ごろに中国から伝来。生育適温は20〜28℃と熱い気候を好み、果肉は90％以上が水分。乾燥地の動物がそうしていたように、人間にとっても夏場の水分補給に最適な食物である。ふつうは丸くて緑に黒い縞模様だが、楕円形のもの、果皮の黒いもの、果肉の黄色いものなど多くの品種がある。旬は7〜9月。主な生産地は熊本県、千葉県、山形県など。

雄花は、5枚の淡黄色の花びらの下は細い花茎のみでふくらみはない。雌花より多くつく。花期は6〜8月。

雌花は花弁の下に丸くふくらんだ子房がある。受粉するとこの部分が育ち果実になる。

キウイフルーツ

マタタビ科マタタビ属
Actinidia deliciosa

中国南部原産のマタタビ科マタタビ属の植物で、1900年代にニュージーランドで品種改良され、栽培されるようになった。果実は大きくて短毛が密生しているものの、日本のサルナシに近縁で、果実の断面はよく似ており味も近い。最近は果肉が黄色や赤色のものも出回っている。ニュージーランドから多く輸入されるが、国内の旬は10〜12月。主な生産地は愛媛県、福岡県、和歌山県など。

つる性なので棚仕立てにすることが多い。雌雄異株で花弁は白色。雌花は中央の雌しべが目立つ。花期は5〜6月。

ザクロ

ミソハギ科ザクロ属
Punica granatum L.

原産地は中近東辺りといわれ、エジプト神話やギリシャ神話にも記述があるほど古くから食料や薬用として利用されていた。日本には10世紀ごろに大陸から伝来したと言われる。独特の食感で、食べているのは種子をおおう仮種皮の部分。花もきれいなため昔から庭木としても植えられる。果物として売られているのは、甘みの強い外国産が多い。旬は9〜10月。

初夏に咲く朱色の花は美しく、八重咲きや白い斑入りなど観賞用にも多くの品種がある。花期は5〜6月。

ユズ

ミカン科ミカン属
Citrus junos

中国原産で日本では飛鳥時代にすでに栽培されていたという。柑橘類のなかでは比較的寒さに強く丈夫なため、よく庭に植えられる。「桃栗3年柿8年、柚子の大馬鹿18年」といわれるように、結実するまでが長い。皮（外果皮）のさわやかな香りと、果汁の酸味が日本料理には欠かせない。生で利用するほか、乾燥した皮は七味唐辛子などにも加える。冬に湯船に浮かべて柚子風呂にすると、体がよく温まり風邪をひかないといわれる。旬は11〜1月。主な生産地は高知県、徳島県、愛媛県など。

花は純白で、ほかのミカンの仲間の花とほとんど見分けがつかない。さわやかな甘い香りもすばらしい。花期は5〜6月。

温州ミカン

ミカン科ミカン属
Citrus unshiu

最近は多くの種類のミカンが出回るようになったが、それでもミカンというと温州ミカンを指すことが多い。温州という中国の地名がついているが、原産地は鹿児島県長島町辺りとされ、欧米ではサツママンダリンと呼ばれる。甘くて皮が手で簡単にむけるのが特徴で、「こたつでミカン」は日本の冬の定番。大きさはいろいろだが、ふつうは150gほどで、10個あまりの袋（じょうのう）に果汁の入ったつぶつぶの果肉が詰まっている。旬は12～2月。暖かい気候を好むため、主に関東以南の暖地で栽培され、主な生産地は和歌山県、愛媛県、静岡県など。

5月ごろ、純白の5弁花を咲かせる。さわやかな甘い香りで虫たちを誘う。

カキ

カキノキ科カキノキ属
Diospyros kaki

古く中国からもたらされ、2300年前にはすでに日本でも食べられていたという。雌雄同株、雌雄異花で同じ木に雌花と雄花がつく。渋柿と甘柿があり、甘柿は生食するが渋柿は皮をむいて乾燥させ、干柿にしたり、焼酎などで渋を抜いてから食べる。渋の元はタンニンで、これが水溶性のうちは渋くて生食できないため不溶性にするため渋抜きをする。また渋を塗った紙は耐水性をもつため（渋紙）、和傘などに利用された。旬は10～11月。主な生産地は和歌山県、奈良県、福岡県など。

雄花は雌花よりやや小さく、特に萼（がく）が小さい。花のなかの黄色い雄しべが目立つ。花期は5～6月。

雌花は雄花に比べて萼が大きい。萼は花後も残り、ヘタとなって果実の呼吸に役立つ。

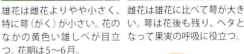

実を食べる

根を食べる

葉を食べる

山菜・果実・香草

蕾・茎を食べる

101

香草の花

ニンニク

ヒガンバナ科ネギ属
Allium sativum L.

中央アジア原産。各国でハーブとして利用され、古代エジプトではピラミッド建設の労働者のスタミナ源だったという。日本へ伝わったのは奈良時代。若い葉や花茎もそれぞれ葉ニンニク、茎ニンニクとして食用となる。旬は6〜8月。

大きな鱗茎（りんけい）は5〜6片の小鱗茎からなる。5〜6月、1〜1.5mほどの花茎の先端に、赤紫色の小花が球状に集まった花序をつける。

ミョウガ

ミョウガ科ショウガ属
Zingiber mioga

日本を含むアジア東部原産。独特の香りはそうめんの薬味など、夏の和食には欠かせず、アルファピネンという成分により食欲増進や血行促進効果があるといわれる。ふつう食べる部分は花穂だが、春先の若い茎の根元の白い部分もミョウガタケとして食用になる。旬は7〜8月。

夏に土から顔を出した花穂から黄白色の花を咲かせる。食べるのはこの花穂の部分。日本以外で食用に栽培している国はあまりない。花期は7〜8月。

サンショウ

ミカン科サンショウ属
Zanthoxylum piperitum (L.)

北海道から屋久島にかけて分布する落葉低木で雌雄異株。若葉は木の芽と呼ばれ、吸い物の吸い口（香味料）などに欠かせない食材。果実も若いうちに収穫し佃煮などにする。熟果の果皮を乾燥させて粉末にしたものが七味唐辛子。旬は、木の芽は4〜5月、未熟果は7〜8月、熟果は9〜10月。

雌雄異株なので、果実を採るなら雌株を植える必要がある。写真はほころびはじめた雄花。花期は4〜5月。

香草は読んで字のごとく香る草、ハーブのことです。香草は薬、薬味、調味料などに利用され、その香り成分が料理や薬などの有用成分となっていて、歴史も古いのです。シソ科やセリ科をはじめとした多くの種が含まれ、花も多様で美しいものが多いです。

ルッコラ

アブラナ科キバナスズシロ属
Eruca vesicaria (L.)

イタリア野菜のひとつとして人気のルッコラは、地中海沿岸原産のアブラナ科の植物。ルッコラ（ルーコラ）はイタリア名で、英名はロケット、和名はキバナスズシロという。サラダに加えると、ゴマに似た独特の香りがよいアクセントになる。同じ香りの葉の細い野生種は、ワイルドロケットと呼ばれ、世界中に野生化している。旬は11〜12月。

花はダイコンの花（p.60）に似るが、細めの花弁は淡黄白色で縦にすじが入っているのが特徴。花期は4〜5月。

ワサビ

アブラナ科ワサビ属
Eutrema japonicum

山地の沢沿いなどに自生するアブラナ科の植物。昔から山菜として利用されてきた日本を代表するハーブのひとつだが、江戸時代から栽培が始まったという。栽培種には流水で作る沢ワサビと、畑で作る畑ワサビがある。地下茎だけでなく若い葉や蕾なども食用になり、これらにもわずかながら辛みがある。ローストビーフに添えられるワサビはホースラディッシュと呼ばれる西洋ワサビで、同じアブラナ科だが別種で畑で栽培される。旬は11〜2月。

アブラナ科特有の4弁花で、十字型の花は純白でいかにも清流に咲く花らしい清楚な美しさがある。花期は3〜4月。

スペアミント

シソ科ハッカ属
Mentha spicata L.
ヨーロッパ原産のハッカの仲間で、ペパーミントなどとともにハーブとして利用されてきた。切れのよい鋭い香りが特徴で、葉や若芽を料理や菓子に添えたり、ハーブティーに利用するほか、精油をチューインガムや歯磨きなどの香りづけに使う。夏（6〜8月）に小さな白〜淡紫色の花を穂状につけるが、ペパーミントの花より白っぽい。旬は4〜6月。

花期は6〜8月。

ペパーミント

シソ科ハッカ属
Mentha × piperita L.
スペアミントとウォーターミント（ヨーロッパ原産）の交雑種とされ、スペアミントより穏やかな甘い香りが特徴。料理やハーブティーなどに利用される。最近では病原性大腸菌O157に対する殺菌作用が注目され、古くから利用されてきたハーブの力が再認識されている。夏にスペアミントよりも濃い赤紫色の小花を穂状につける。旬は4〜6月。

花期は6〜8月。

オレガノ

シソ科ハナハッカ属
Origanum vulgare L.
トマトと相性のいいハーブとしてピザやパスタに使われるほか、タイムやローズマリーとともに南仏料理の調味には欠かせないエルブ・ド・プロヴァンスと呼ばれるハーブには欠かせない。7〜9月に40〜60cmの茎の先に赤紫色の小さな花をたくさんつけ、観賞も兼ねて植えられることも多い。生葉でも乾燥しても利用できる。旬は4〜7月。

7〜9月ごろ、茎の先端部に淡紫紅色〜白色の小さな花を多数つける。この花も乾燥させて利用する。

バジル

シソ科メボウキ属
Ocimum basilicum L.

インド〜熱帯アジア原産のシソ科のハーブで、さわやかな芳香はイタリア料理には欠かせない。スパゲッティー・バジリコやジェノベーゼとして日本でも親しまれている。また、タイではタイランドバジルがガパオなどの料理に欠かせないし、インドではホーリーバジルが聖なる植物とされている。白い花の後にできる黒い小さな種子は、水を含むと周囲がゼリー状にふくらみ、周囲の土やゴミを吸いつけるので、目に入ったゴミを取るのに使われたのが和名のメボウキの由来。旬は5〜8月。

シソとよく似るが、花はずっと大きくよく目立つ。基本種であるスイートバジルは、葉は緑色で花は白色。花期は6〜8月。

ローズマリー

シソ科マンネンロウ属
Rosmarinus officinalis L.

地中海沿岸原産のシソ科の常緑低木で、ヨーロッパでは古代からその抗菌、防腐、消臭効果が肉料理に使われたほか、薬用にも利用されていた。そのさわやかな香りは、記憶力を高め頭の働きを良くするといわれる。直立性のものから匍匐性のものまで品種も多く、花色は紫色が基本だが、ピンクや白色のものもある。樹形も花も美しいので、庭園樹としても人気がある。常緑なのでいつでも利用できる。

冬から春にかけてシソ科特有の形をした1cmほどの花を次々に咲かせる。花色は紫色が基本だが、白やピンクもある。和名はマンネンロウ。花期は2〜4月。

セージ

シソ科サルビア（アオギリ）属
Salvia officinalis L.

地中海沿岸原産のシソ科サルビア（アオギリ）属のハーブ。和名はヤクヨウサルビア。ヨーロッパでは古くから葉を肉類の臭い消しやハーブティーに使用したほか、殺菌、消化促進、浄血、抗酸化作用などを有するため薬用として利用していた。ソーセージにも使われており、その語源になったという説もある。コモンセージまたはガーデンセージとも呼ばれる。旬は3～5月と9～11月。

初夏（5～6月）、40～80cmの高さの花茎に、紫色のサルビア属特有の形の花を多数つける。ピンクや白色の花もある。

タイム

シソ科イブキジャコウソウ属
Thymus spp.

地中海沿岸の石灰岩地を原産地とするシソ科の小低木。タイムの仲間は多いのでもっともポピュラーな種（*Thymus vulgaris*）をコモンタイムと呼んでいる。ローズマリーやセージとともに肉類の臭い消しや香りづけに用い、エルブ・ド・プロヴァンスやブーケガルニなど、代表的香味料には欠かせない。殺菌、防腐効果もあるため、古代エジプトではミイラをつくるときに使われたハーブのひとつでもあった。日本のイブキジャコウソウは、近縁の匍匐性のタイム。通年、利用できる。

初夏（5～6月）、10～40cmほどの枝先に、白～淡赤紫色の小花を多数つける。写真はコモンタイム。

コリアンダー

セリ科コエンドロ属
Coriandrum sativum L.

地中海東部原産のセリ科植物で、昔から多くの国でハーブとして利用され、中国では香菜、タイではパクチー、メキシコではシラントロと呼ばれ親しまれている。カメムシの臭いに似た香りがあるが、それはさまざまな料理に欠かせない香りでもある。果実も若いうちは同様の臭いがあるが、完熟して茶色くなると芳香に変わり、カレーに不可欠なスパイスのひとつとなる。標準和名はコエンドロ。旬は3〜6月。

初夏（5〜7月）、40〜60cmほどの茎の先端の散形花序に、外側だけ花びらの目立つ白〜淡紅色の小花をつける。

パセリ

セリ科オランダゼリ属
Petroselinum crispum (Mill.) Fuss

ヨーロッパ原産のセリ科植物で、紀元前からハーブとして利用されてきた。日本には18世紀にオランダから入ってきた。日本では葉の縮れたモスカールドパセリが主流だが、海外の多くの国ではイタリアンパセリやフレンチパセリのような葉の縮れない品種が多い。どちらも香りがよく、ビタミンやミネラルが豊富で殺菌作用がある。旬は3〜5月と9〜11月。

夏（5〜7月）、50〜80cmほどの茎の先端に淡黄白色の小花を散状につける。

107

蕾を食べる野菜の花

蕾や花茎を食べる野菜は葉菜に含まれ、もともと葉を食べる野菜を品種改良したものや、葉を食べる野菜の蕾です。アブラナ科が多いのも特徴のひとつです。

ブロッコリー

アブラナ科アブラナ属
Brassica oleracea L. var. italica Plenck
地中海沿岸原産で、キャベツ（p.82）同様にケールが起源といわれる。16世紀にはヨーロッパで栽培されるようになり、日本には明治時代に伝わったが、一般に普及したのは1970年代になってから。旬は11〜2月。主な生産地は北海道、愛知県、埼玉県など。

1つ1つの花は基本的にキャベツと同じだが、ブロッコリーはとにかく花数が多く密度が高い。花期は4〜5月。

カリフラワー

アブラナ科アブラナ属
Brassica oleracea L. var. botrytis L.
起源はブロッコリーと同じ。ブロッコリーが原形となりカリフラワーができたといわれる。カリフラワーは花芽がつくのが遅く、花蕾球の大部分は花柄である。色が淡く癖がないのでピクルスやスープなどに向く。最近は紫色やオレンジ色の品種も出回る。旬は11〜2月。主な生産地は徳島県、茨城県、愛知県など。

起源はケールなので、キャベツやブロッコリーの花と大差ない淡黄色の菜の花。写真は紫カリフラワーの花。花期は4〜5月。

ナバナ

アブラナ科アブラナ属
Brassica sp.
地中海沿岸が原産地といわれるアブラナ科だが、その仲間の花茎はみな菜花で間違いない。ふつう出回っているのは品種改良されたもので、和種は花茎と蕾と葉を、西洋種は主に花茎と葉を食べる。βカロテン、カルシウム、ビタミンKなどを豊富に含む。旬は12〜3月。主な生産地は三重県、群馬県、新潟県など。

菜花はまさに菜の花なので、アブラナの花とほとんど同じ。品種により花の密度や葉の形状は違いがある。花期は3〜4月。

茎を食べる野菜の花

植物学的にはジャガイモやサトイモの可食部も茎ですが、地下にあるので根菜に入ります。茎を食べる野菜の多くは、葉も含めた茎、茎のような葉柄も含めて、葉菜に入ります。

アスパラガス

キジカクシ科クサスギカズラ属
Asparagus officinalis L.
南ヨーロッパ原産で、ギリシャ時代にはすでに栽培の記録がある。和名はオランダキジカクシ。日本には江戸時代に観賞用として伝来。食用として普及したのは大正時代。アスパラギンは体内でアスパラギン酸に変化し、疲労回復などに効果がある。旬は4〜6月。主な生産地は北海道、長野県、福島県など。

太い茎にある鱗状のものが葉で、細い葉のように見えるのは擬葉（ぎよう）と呼ばれる茎。花は雄花と雌花がある。花期は5〜7月。

オカヒジキ

ヒユ科オカヒジキ属
Salsola komarovii Iljin
日本各地の海岸の砂地に自生する。線形の葉は多肉質で、姿が海藻のヒジキに似るのでこの名がある。βカロテン、カリウム、カルシウム、ビタミンKなどを含む。お浸し、炒め物、サラダなどに。旬は3〜6月。主な生産地は山形県、千葉県など。

多肉質の葉はシャキシャキした独特の食感で、若い茎なら同様にやわらかい。葉腋に目立たない花をつける。花期は7〜10月。

索引

	野菜の名称	ページ	食べる部位
ア	アイスプラント	90	●葉
	アシタバ	92	●葉
	アスパラガス	109	●茎
	イチゴ	54	●実
	インゲンマメ	52	●実
	ウド	95	●山菜
	ウルイ	94	●山菜
	温州ミカン	101	●果実
	エダマメ	53	●実
	オカヒジキ	109	●茎
	オクラ	56	●実
	オレガノ	104	●香草
カ	カキ	101	●果実
	カブ	71	●根
	カボチャ	44	●実
	カリフラワー	108	●蕾
	キウイフルーツ	99	●果実
	キャベツ	82	●葉
	キュウリ	56	●実
	ギョウジャニンニク	94	●山菜
	クレソン	89	●葉
	ゴボウ	74	●根

	野菜の名称	ページ	食べる部位
	コマツナ	88	●葉
	コリアンダー	107	●香草
	コンニャク	74	●根
サ	サクランボ	98	●果実
	ザクロ	100	●果実
	サツマイモ	72	●根
	サトイモ	70	●根
	サヤエンドウ	52	●実
	サンショウ	102	●香草
	シシトウガラシ	38	●実
	シソ	91	●葉
	ジャガイモ	64	●根
	シュンギク	91	●葉
	スイカ	99	●果実
	ズッキーニ	47	●実
	スペアミント	104	●香草
	セージ	106	●香草
	セロリー	92	●葉
	ソラマメ	53	●実
タ	タアサイ	89	●葉
	ダイコン	60	●根
	タイム	106	●香草

野菜の名称	ページ	食べる部位		野菜の名称	ページ	食べる部位
タマネギ	80	●葉		ブドウ	96	●果実
タラノメ	95	●山菜		ブロッコリー	108	●蕾
チンゲンサイ	87	●葉		ペパーミント	104	●香草
トウガラシ	38	●実		ホウレンソウ	90	●葉
トウガン	57	●実	マ ミズナ	87	●葉
トウモロコシ	54	●実		ミツバ	92	●葉
トマト	28	●実		ミョウガ	102	●香草
ナ ナシ	98	●果実		メロン	55	●実
ナス	34	●実		モモ	97	●果実
ナバナ	108	●蕾		モロヘイヤ	86	●葉
ニガウリ	48	●実	ヤ ヤマノイモ	70	●根
ニラ	86	●葉		ユウガオ	57	●実
ニンジン	68	●根		ユズ	100	●果実
ニンニク	102	●香草	ラ ラッカセイ	50	●実
ネギ	76	●葉		リンゴ	97	●果実
ハ ハクサイ	88	●葉		ルッコラ	103	●香草
バジル	105	●香草		レタス	84	●葉
パセリ	107	●香草		レンコン	71	●根
バナナ	96	●果実		ローズマリー	105	●香草
パプリカ	39	●実	ワ ワサビ	103	●香草
ピーマン	39	●実				
フキ	95	●山菜				

著者●亀田龍吉（かめだ・りゅうきち）

デザイン●杉澤清治　撮影協力●尾高千代子、高梨雅人、とんがらし芥川、山口武夫

参考資料

『遊んで学ぶ野菜の本』全6巻　伊東正 監修（偕成社）
『新・ポケット版学研の図鑑野菜・くだもの』荻原勲監修（学研教育出版）
『校庭の作物』板木利隆・岩瀬徹・川名興共著（全国農村教育協会）
『維管束植物分類表』邑田仁監修・米倉浩司著（北隆館）
農林水産省作況調査（野菜）野菜生産出荷統計
　　http://www.maff.go.jp/j/tokei/kouhyou/sakumotu/sakkyou_yasai/
野菜情報サイト「野菜ナビ」http://www.yasainavi.com/

● 表紙（ニンジン）
❶ 種子　❷ 芽生え
❸ 成長　❹❺ 収穫
❻ 成長期の葉の様子
❼ 花期の様子　❽ 花

● 表紙袖（ナス）
❾ 花　❿ 実

● 裏表紙（花と野菜）
⓫ トマト　⓬ レンコン
⓭ トウガラシ
⓮ ジャガイモ　⓯ ラッカセイ
⓰ レタス　⓱ ゴボウ

花(はな)からわかる野菜(やさい)の図鑑(ずかん)　たねから収穫(しゅうかく)まで

2016年6月1日　初版第1刷発行

著　者　亀田龍吉
発行者　斉藤 博
発行所　株式会社 文一総合出版
　　　　〒162-0812　東京都新宿区西五軒町2-5 川上ビル
　　　　tel. 03-3235-7341（営業）、03-3235-7342（編集）
　　　　fax. 03-3269-1402
　　　　http://www.bun-ichi.co.jp
振　替　00120-5-42149
印　刷　奥村印刷株式会社

乱丁・落丁本はお取り替え致します。
Ⓒ Ryukichi Kameda 2016　Printed in Japan
ISBN978-4-8299-7211-3　NDC477　112ページ　A5（140×210mm）

JCOPY　＜(社)出版社著作権管理機構 委託出版物＞本書の無断複写は著作権法上での例外を除き禁じられています。複写される場合は、そのつど事前に、(社)出版社著作権管理機構（tel. 03-3513-6969、fax. 03-3513-6979、e-mail: infopjcopy.or.jp）の許諾を得てください。